Guillaume Crouïgneau

Films Ni-Co-Mn-In: élaboration & étude de la transf magnétostructurale

Guillaume Crouïgneau

Films Ni-Co-Mn-In: élaboration & étude de la transf magnétostructurale

Films Ni-Co-Mn-In : élaboration et étude

Presses Académiques Francophones

Imprint
Any brand names and product names mentioned in this book are subject to trademark, brand or patent protection and are trademarks or registered trademarks of their respective holders. The use of brand names, product names, common names, trade names, product descriptions etc. even without a particular marking in this work is in no way to be construed to mean that such names may be regarded as unrestricted in respect of trademark and brand protection legislation and could thus be used by anyone.

Cover image: www.ingimage.com

Publisher:
Presses Académiques Francophones
is a trademark of
International Book Market Service Ltd., member of OmniScriptum Publishing Group
17 Meldrum Street, Beau Bassin 71504, Mauritius

Printed at: see last page
ISBN: 978-3-8416-3810-6

Zugl. / Agréé par: Grenoble, Université Grenoble Alpes, 2015

Remerciements

Je tiens tout d'abord à remercier Alain Schuhl et Hervé Courtois, directeurs de l'Institut NÉEL, Pierre-Etienne Wolf, directeur du Département Matière Condensé - Basses Températures (MCBT) et à André Sulpice, directeur du Consortium de Recherche pour l'Émergence de Technologies Avancées (CRETA), pour m'avoir accueilli, à temps plein, dans leurs laboratoires, me permettant l'accès à un grand nombre d'instruments de synthèse, de mesure et de caractérisation, résultant en de nombreuses expériences menées et reportées durant cette thèse, mais également et surtout à beaucoup de personnes très qualifiées dans des domaines divers et variés.

Je tiens aussi à remercier les personnes qui ont accepté de participer à mon jury de thèse. Je remercie Patrick Delobelle et Gilles Poullain pour le temps qu'ils ont passé à rapporter sur mon manuscrit ainsi que les examinateurs de ma thèse : Thierry Waeckerlé et plus particulièrement Nora Dempsey qui a aussi accepté d'être présidente du jury.

Je remercie également beaucoup mes parents François Crouïgneau et surtout ma mère Dominique Crouïgneau, qui m'ont toujours soutenu et encouragé à me lancer dans la voie qui me plaisait, quelle qu'elle soit et qui est finalement celle de la Science et de la Recherche. Je les remercie également pour le temps qu'ils ont passé à la préparation du pot de thèse.

Enfin je remercie particulièrement Daniel Bourgault et Laureline Porcar mon directeur et ma co-directrice de thèse, pour m'avoir fait confiance tout au long de ces trois années et permis de réaliser cette thèse, en me laissant à la fois toujours beaucoup d'autonomie me permettant de m'affirmer dans le domaine de la recherche, tout en me donnant des pistes et de l'aide afin d'obtenir des résultats vraiment pertinents et de bien les comprendre. Leur patience, leurs connaissances scientifiques, leur disponibilité, leurs critiques et leurs conseils ont été parmi les atouts majeurs de la

Remerciements

réussite de cette thèse.

C'est le projet ANR « MAFHENIX », encadré par Daniel Bourgault, qui a permis le financement du travail de cette thèse, ce projet était basé sur une collaboration entre de multiples partenaires: le CNRS, l'ILL, FEMTO-ST, Schneider Electric et Aperam. Je remercie donc aussi Pierre Courtois et Benoit Mestrallet de l'Institut Laue-Langevin, pour nous avoir fourni des cibles utilisées dans le procédé PVD mais aussi des monocristaux et des polycristaux d'alliage de type Heusler. De même, je tiens à remercier Laurent Carbone et Nathalie Caillault pour nous avoir donné accès au bâti-multicibles. Ceci s'est avéré essentiel pour l'obtention de nos films. Je remercie aussi Christophe Rousselot et Laurent Hirsinger pour nous avoir fourni des poutres de silicium permettant de mesurer les contraintes internes des films déposés. Mes remerciements vont aussi aux divers partenaires du projet ANR tel que Loïc Rondot, Daniel Fruchart, Florent Bernard et bien d'autres...

Je remercie également Eric Mossang pour l'accès qu'il m'a donné au diffractomètre D8 ainsi que pour le large temps et la minutieuse aide qu'il m'a donnée afin de réaliser un nombre de diagrammes importants sur des petits films.

Mes remerciements vont aussi à Olivier Leynaud pour l'accès aux autres diffractomètres ce qui m'a également permis de faire beaucoup de diagrammes ainsi que pour le temps que nous avons passé à discuter sur l'analyse des résultats et les tentatives que nous avons menées pour faire de la diffraction dans des conditions particulières.

Je tiens aussi à remercier Sébastien Pairis pour m'avoir formé à l'utilisation du MEB, de l'EDX et de l'EBSD ainsi que pour les discussions très enrichissantes que nous avons eu sur ces différentes techniques et sur les mesures effectuées avec la sonde de Castaing.

J'adresse également mes remerciements à Simon Le-Denmat pour l'aide qu'il m'a donné non seulement au MEB mais surtout en analyses AFM et MFM, que ce soit avec ou sans champ magnétique. De nombreuses mesures ont été effectuées, sous de multiples conditions, mettant en avant divers problèmes de contamination. Les résultats présentés dans cette thèse ne représentent qu'une faible proportion des mesures et du travail effectué.

Il est également important que je remercie Eric Eyraud et Didier Dufeu pour l'accès et la formation qu'ils m'ont donné sur le SQUID et sur le SQUID-VSM, mais aussi pour les échanges et l'aide qu'ils m'ont donné tout au long de ces trois années.

Je remercie aussi Pascal Lejay pour le temps qu'il a passé à me former à l'analyse de structures complexes depuis un diagramme de diffraction en rayons-X.

Mes remerciements sont aussi destinés à Pierre Lachkar pour nous avoir permis et aidé à entreprendre les nombreuses mesures en résistivité quatre pointes, en faisant varier la température et/ou le champ magnétique sur un PPMS.

De même, au laboratoire du CRETA, de nombreuses personnes m'ont aidé durant ma thèse.

Je remercie premièrement Isabelle Gélard, pour les conseils et l'aide précieuse fournis tout au long de cette thèse dans divers domaines qui vont de l'élaboration à la caractérisation en passant par le raisonnement scientifique.

Je remercie également Marie-Dominique Bernardinis, Aurélie Boughediri et plus particulièrement Myriam Laurens non seulement pour l'aide administrative qu'elles m'ont donné durant ces trois années, mais aussi pour leurs perpétuels sourires et bonnes humeurs.

De même je remercie Jean-Louis Soubeyroux pour l'aide dans l'obtention des figures de pôle, ainsi que Pierre-Frédéric Sibeud pour son aide notamment au niveau des recuits longs.

Mes remerciements sont aussi adressé à Paul Chaumeton pour l'aide technique qu'il m'a fourni mais aussi pour le partage systématique de ses gaufres et de ses gâteaux au moment du goûter.

Remerciements

Je tiens aussi particulièrement à remercier Hervé Muguerra pour l'aide qu'il m'a donné que ce soit pour des analyses, des traitements de donnée ou de conseils dans de multiples domaines tels que la rédaction et la présentation de rapport oraux ou écrits.

Enfin je remercie les nombreuses personnes qui m'ont accompagné durant cette thèse et dont la liste ne peut pas être exhaustive, telles que Arnaud Griffond, Nathaniel Baker, Meriam Ben-Khedim, Xueying Hai, Ludovic Potet, Céline Braïni, Camille Gandioli, Sophie Rivoirard, Simeon Nachev, Cécile Raufast, Cecile Nemiche, Anne-Claire Pescheux, Arnaud Quillery...

Ces trois années ont été très enrichissante pour moi, non seulement dans le domaine scientifique mais aussi sur le plan personnel. Il n'est pas possible de tous les citer et je suis sûr d'en avoir oublié, je remercie donc toute ces personnes que j'ai rencontré durant tout ce temps et qui m'ont donné beaucoup de plaisir à échanger, à partager, à découvrir...

Sommaire

Introduction générale

Les matériaux de type Heusler X_2YZ sont des alliages intermétalliques qui ont été découverts par Friedrich Heusler au début du XXème siècle. Leur principale caractéristique était alors d'être un alliage ferromagnétique sans qu'aucun de leurs constituants ne le soit (le premier matériau était composé de Cu, Mn et Al). Cet état magnétique est dû à un arrangement et une distribution particulière de certains atomes et joue un rôle majeur sur les propriétés physiques de ces matériaux. En effet, une particularité de cet alliage est de changer de structure, en fonction de paramètres tels que la température, le champ magnétique ou même la pression, allant d'un état austénitique cubique centré à haute température, vers un état martensitique tétragonal, orthorhombique voire monoclinique à basse température. Ce changement structural entraîne un changement de l'arrangement atomique, ce qui modifie l'état magnétique du matériau Heusler et entraine de multiples propriétés fonctionnelles : mémoire de forme magnétique, transition structurale induite magnétiquement ou par pression, effet magnéto-calorique inverse, effet barocalorique, magnétorésistance et piezorésistance géante. Les matériaux de type Heusler sous forme de film sont quant à eux des constituants très prometteurs pour les MEMS (*Microelectromechanical Systems*) qui sont utilisés aussi bien dans des secteurs industriels aussi variés que l'automobile, l'aéronautique, la médecine, la biologie ou les télécommunications…

Dans les années 2000, les Heusler à base de nickel (surtout le composé Ni-Mn-Ga) ont reçu un intérêt considérable surtout pour leurs propriétés d'alliage magnétiques à mémoire de forme : l'application d'un champ magnétique entraîne un allongement du matériau pouvant atteindre 10%, par réarrangement des domaines martensitiques. Ils ont ainsi été utilisés pour de multiples applications telles que des micro-valves contrôleuses de débit (pour les implants), des micro-pinces, etc (voir http://www.imt.kit.edu/english/399.php).

Depuis une dizaine d'années, un intérêt grandissant est porté sur les Heusler de type Ni-Mn-X et Ni-Co-Mn-X, avec X = In, Sn ou Sb. Ces familles présentent la particularité d'avoir une phase martensitique beaucoup moins magnétique que la phase parente austénitique. Ceci implique des propriétés fonctionnelles intéressantes dans les domaines magnétocaloriques, de magnétorésistance ou pour la conception de nouveaux capteurs ou activateurs sensibles.

Il a été montré que la température de transformation Martensite - Austénite des alliages Ni-Mn-X dépend énormément de leurs compositions. De multiples Heusler de composition Ni-Mn-X et Ni-Co-Mn-X ont été élaborés sous forme de massifs dans le monde y compris à l'Institut Néel et au laboratoire CRETA. Cependant, la maitrise de la composition de ces matériaux élaborés en film mince reste une grande problématique. L'élaboration et l'étude des propriétés physiques d'un film de type Heusler avec une transition structurale à température ambiante fera l'objet principal de cette thèse.

Ce travail a été mené au CRETA et à l'institut Néel, dans le cadre d'un projet ANR intitulé MAFHENIX (Matériaux Fonctionnels de type Heusler Ni-Mn-X) encore en cours. L'objectif principal de ce projet est de développer de nouvelle forme de matériaux de type Heusler Ni-Mn-X (X=Ga, In, Al, Sb et Sn) et de mieux comprendre leurs propriétés ainsi que leur couplage magnétique, mécanique et thermique.

Ce travail s'articule en six chapitres. Le premier chapitre traite des généralités sur les matériaux Heusler de type Ni-Mn-X. Un état de l'art sur les différents procédés d'élaboration et les propriétés physiques de tels films est également présenté.

Le deuxième chapitre se consacre à une présentation succincte de la technique de pulvérisation cathodique employée durant cette thèse, puis des méthodes et instruments de caractérisation physique utilisés.

Une troisième partie présente l'étude réalisée sur l'élaboration de films par pulvérisation cathodique et leurs recuits. L'accent est mis sur l'influence de différents facteurs du processus d'élaboration sur l'état microstructural et mécanique des films. Nous présentons également dans ce chapitre les résultats obtenus sur des films libérés ou non du substrat et élaborés par co-pulvérisation, grâce à un partenariat avec Schneider Electric.

Les propriétés structurales, microstructurales et magnétiques des films polycristallins, obtenues à partir d'analyses microscopiques variées, sont présentées dans le chapitre 4. Structure cristalline et domaines magnétiques des phases martensite et austénite sont étudiés dans cette partie du manuscrit

Le chapitre 5 fait l'objet de l'étude des propriétés magnétiques des phases martensite et austénite ainsi que leurs dépendances avec la composition. L'effet d'une variation de température, du champ magnétique et d'une pression isostatique sur les propriétés physiques ainsi que sur la variation d'entropie magnétique est alors étudié. Nous présentons également dans ce chapitre un dispositif magnéto-actif basé sur la transformation magnétostructurale obtenus pour un film.

Enfin, dans le dernier chapitre, les effets de blocage de la transformation structurale induite par le champ magnétique, effets nommés *kinetic arrest*, sont abordés. Ces études se basent principalement sur des mesures de magnétorésistance dues à la différence de résistivité électrique entre les phases martensite et austénite. Des mesures magnétiques viennent compléter la compréhension de ce phénomène observé dans la littérature surtout dans les massifs.

Après les conclusions générales de ce travail, quelques perspectives de cette étude sont envisagées.

Chapitre I : Etat de l'art sur les matériaux Heusler de type Ni-Mn-X (X=Ga, In, Sn, Sb,…)

Les matériaux de type Heusler de la famille Ni-Mn-X (X=Ga, In, Sn, Sb,…) sont des composés très étudiés depuis une quinzaine d'années en particulier pour leurs comportements sous champ magnétique. En 2001 une équipe finlandaise a montré que le Ni-Mn-Ga monocristallin possédait des propriétés d'alliages à mémoire de forme et pouvait se déformer de presque 10% sous champ magnétique (A. Sozinov, 2002). Un intérêt international a ensuite été porté aux matériaux de type Heusler à base de nickel que nous allons présenter ici.

Dans ce chapitre, nous présentons des généralités sur les structures des matériaux de type Heusler. Après avoir décrit les phases austénite et martensite, les propriétés d'alliages magnétiques à mémoire de forme sont abordées. La maîtrise de la composition sur les températures de transformation Martensite – Austénite (M-A) reste un point clé pour ces alliages et fera l'objet d'une attention particulière tout au long de ce travail.

Ensuite, nous verrons que les changements des propriétés physiques qui découlent de la transformation structurale, entraînent des propriétés fonctionnelles intéressantes telles que la magnétorésistance ou effets magnétocaloriques et barocaloriques.

La technologie actuelle requiert le développement de systèmes fonctionnels de petite taille, c'est pourquoi durant cette thèse, une large part du travail a été consacrée à l'élaboration d'un film mince fonctionnel possédant une transition magnétique-antiferromagnétique à température ambiante. La dernière partie de ce chapitre est donc consacrée à un état de l'art sur les films minces Ni-Mn-X. Les difficultés rencontrées pour obtenir des films de composition maitrisée ainsi que les propriétés physiques escomptées sont décrites.

I) Propriétés structurales des matériaux de type NiMnX – Effet mémoire de forme

Les matériaux de type Heusler sont des alliages intermétalliques. Il existe plus de mille compositions référencées (T.Grafa, 2011). Pour certaines, la principale particularité est d'avoir une transition structurale depuis une phase à haute symétrie, cubique, appelée **austénite,** vers une phase de symétrie moindre, qui peut être tétragonale, orthorhombique, monoclinique ou même hexagonale, appelée **martensite**. La transformation structurale entraîne un changement des propriétés (électriques, élastiques, magnétiques) à l'origine des effets mémoire de forme et caloriques.

A) Structure des phases austénite et martensite

1) La phase austénite

La phase austénite, dite phase mère, est la phase dont la structure est la plus facilement identifiable et la mieux décrite dans la littérature. C'est une structure cubique dite de type $L2_1$ pour les matériaux de type Heusler complets X_2YZ (full-Heusler), du groupe d'espace $Fm\overline{3}m$. Elle est composée de huit empilements de réseaux cubiques centrés, comme montré sur la Figure 1.1. Les atomes aux sommets de ce sous-réseau sont composés des éléments X. Le centre des sous-réseaux cubiques centrés est composé des atomes Y et Z, espacés de manière régulière. Le plan dense de cette structure est le plan (011). Dans ce réseau, deux types de désordre existent principalement. Premièrement, l'occupation irrégulière du sous-réseau YZ par des atomes Y ou Z. La structure est alors réduite à un type B2. Deuxièmement, un désordre peut être observé entre les sous-réseaux X et YZ. L'ordre est alors réduit à un sous-réseau de type A2. Une analyse par diffraction des rayons X peut permettre d'identifier le type de désordre dans un alliage de type Heusler X_2YZ. En effet, un désordre de type B2 entraîne une extinction des raies de diffraction du réseau de direction impaire (porté par la relation h, k et l = nombre impair, e.g. [111]), par ailleurs le désordre de type A2 entraînera une extinction du réseau de diffraction de direction de type (h+k+l)/2 = 2n+1, e.g. [200]. En revanche, la diffraction des directions fondamentales (h+k+l)/2 = 2n, e.g. [220] est indépendante du type de désordre (Y. Takamura, 2009).

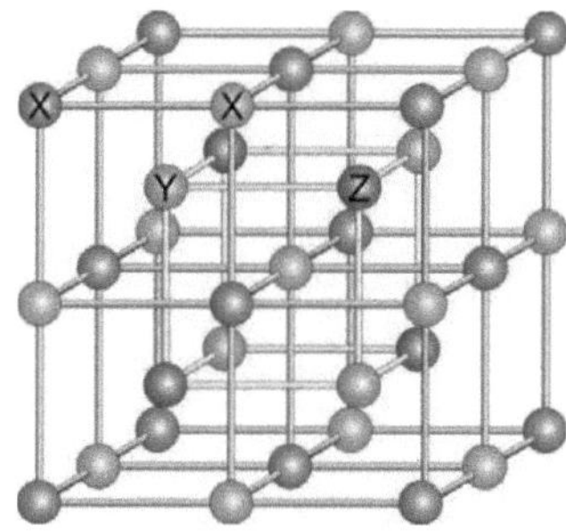

Figure 1.1 : Représentation schématique d'un alliage de type Heusler de type X_2YZ de structure $L2_1$.

2) *La phase martensite*

La structure de la martensite peut être tétragonale, monoclinique, orthorhombique, triclinique ou hexagonale. Dans la littérature, pour les alliages de type Heusler X_2YZ, la martensite possède une structure $L1_0$. C'est une structure cristallographique dérivée de la structure cubique faces centrées (cfc) avec les atomes de types YZ au centre de quatre faces et sur un même plan et les atomes de types X sur les autres sites (Figure 1.1 et Figure 1.2). Le groupe d'espace de cette structure est P4/mmm (n° 123). Une caractéristique importante de cette structure est le rapport des paramètres de maille c/a. D'une maille austénite cubique peut découler une maille martensitique suivant principalement trois directions orthogonales, comme montré sur la Figure 1.3 (D. E. Laughlin, 2005). Chacune de ces directions forme un domaine martensitique. Chaque domaine martensitique peut être maclé en variantes (D. E. Laughlin, 2005), (M-P. Baron, 1998).

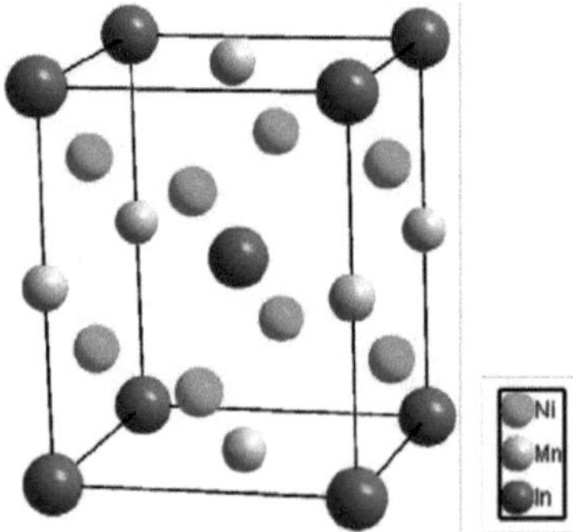

Figure 1.2 : Représentation structurale de la martensite non modulée.

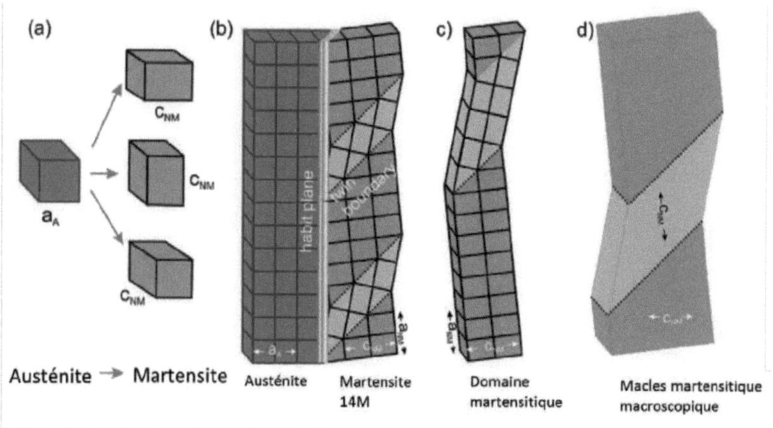

Figure 1.3 : a) Transformation M-A suivant trois directions formant trois domaines, b) représentation de la martensite modulée 14M et du plan d'habitat la séparant de l'austénite, c) domaine martensitique, d) macles martensitiques d'échelle macroscopique, tiré de (S.Kaufmann, 2011).

La martensite peut également présenter une modulation de structure. La modulation de structure est appelée 10M lorsque les plans (110) reviennent à leur position initiale toutes les 5 couches et 14M lorsque la périodicité est réalisée sur 7 couches (S. Kaufmann, 2010) Figure 1.4. Ces modulations peuvent être nécessaires pour accommoder le domaine martensitique sur le plan d'habitat de l'austénite. Ces structures peuvent être identifiées et différentiées grâce à des analyses par diffraction des rayons X ou par neutrons, mais également depuis des images en observation à haute résolution à l'aide d'un TEM (Microscope Electronique en Transmission).

La modulation de structure permet de relâcher les contraintes de la transformation structurale. On parlera alors de **phase adaptative** car c'est une phase intermédiaire qui conduit éventuellement à la structure non modulée. Cependant, pour certains alliages de type Heusler de composition particulière, la phase modulée peut aussi être la phase finale stable de la martensite. Elle restera alors présente même à basse température après transformation totale de l'austénite.

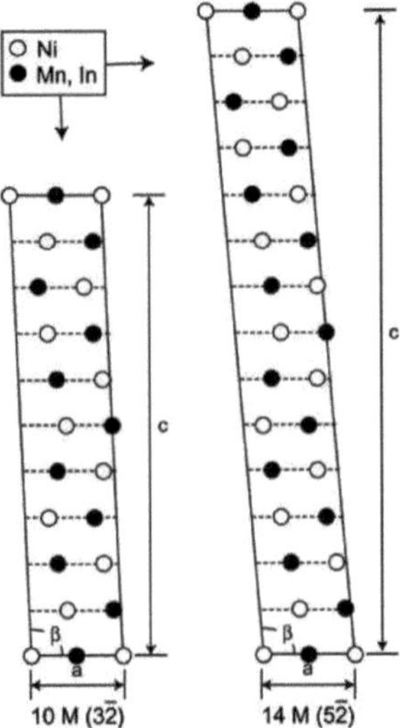

Figure 1.4 : Représentation schématique des structures de modulation 10M et 14M, d'après (W. Ito, 2007).

La transformation de l'austénite en une variante martensitique entraîne un maclage de cette variante. Deux types de morphologie lamellaire de variantes, sont possibles lors du maclage de chaque domaine : la première est composée de bandes de variantes droites se propageant sur l'ensemble du domaine martensitique et la seconde est composée de variantes courbées et/ou scindées (voir Figure 1.5). Une désorientation de 4 à 7° peut être observée sur les variantes courbées. Ceci peut être attribué à la présence de variantes de dimensions réduites indétectables (< 200 nm) le long d'une large bande d'une variante donnée (Figure 1.6). Les variantes droites sont la forme de martensite qui nuclée en premier. Elles peuvent donc s'étendre librement dans un volume de faibles contraintes, alors que les variantes courbées se forment à un moment plus tardif de la nucléation de la martensite (D.Y. Cong, 2010). Leurs croissances sont alors soumises à de multiples contraintes engendrées par les domaines de martensite durs l'entourant. Des analyses EBSD ont été réalisées sur un cristal de Ni-Mn-Ga. Les variantes observées ont une épaisseur qui va de 0,2 à 2,6 µm (Figure 1.5).

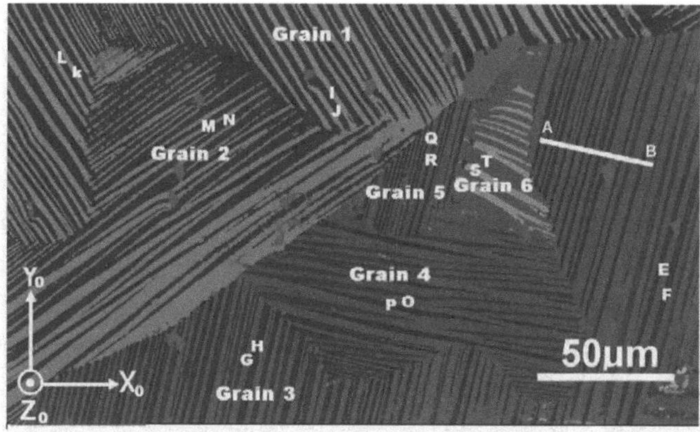

Figure 1.5 : Image réalisée en EBSD. Les couleurs dépendent de l'orientation de la martensite. Deux types de maclages microscopiques sont observables : rectilignes pour les grains 1 et 3, et courbés pour les grains 2 et 4 (D. Y. Cong, 2007).

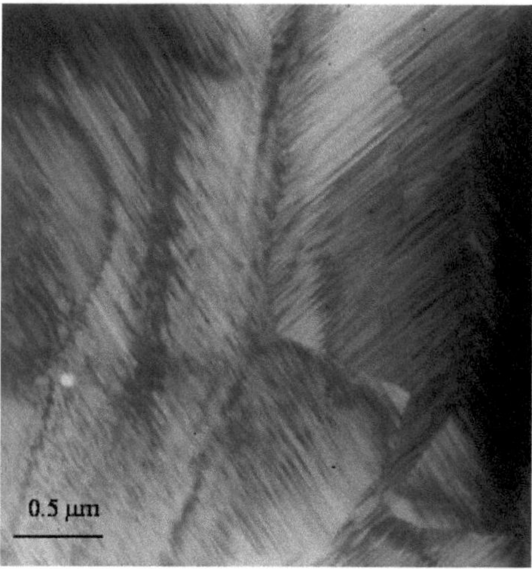

Figure 1.6 : Image réalisée en TEM en champ clair, tirée de (J. C. Bennett, s.d.). Un maclage martensitique est observable à l'échelle des distances nanoscopiques, avec un aspect en tweed.

B) La transformation Martensite – Austénite

1) Transformation structurale

L'austénite cubique se transforme en martensite, structure de symétrie moindre lors d'un refroidissement en température. La transformation structurale est présentée dans la littérature comme une déformation displacive des paramètres de maille car elle se fait par réarrangement du réseau cristallin de manière non diffusive. Les vitesses de transformation peuvent atteindre la vitesse du son dans certains alliages (F. Chen, 2010) (B. Wang, 2002) (E. Vives, 1994) (Kurmhansl, 1990). On parle de transformation athermique ; la quantité de phase ne dépend alors que de la température. Toutefois, il existe également des transformations martensitiques isothermiques, c'est-à-dire dépendant à la fois de la température et de la cinétique. La classification entre les transformations martensitiques athermiques et isothermiques est loin d'être clarifiée aujourd'hui et reste l'objet de débats scientifiques.

Lors de la transformation, il n'y a aucune variation de la composition chimique mais uniquement une déformation, éventuellement un changement du volume ou un réarrangement de la maille primitive suivant une transformation dite de Bain (Figure 1.8). Comme la transformation est à priori non diffusive, elle peut se produire pour de très grandes vitesses. La transition est du premier ordre lorsqu'elle s'accompagne d'une enthalpie de transition de phase, autrement dit de chaleur latente, ainsi que d'une hystérésis en température. En effet, durant la transformation, les liaisons interatomiques sont modifiées, entraînant un effet endothermique ou exothermique. La transformation est à la fois étendue sur un domaine de température et possède une hystérésis. Elle est donc classiquement représentée par quatre températures qui caractérisent le début et la fin de la nucléation de la martensite (M_s, martensite start et M_f, martensite finish) ainsi que le début et la fin de la nucléation de l'austénite (A_s, austenite start et A_f, austenite finish) (Figure 1.7).

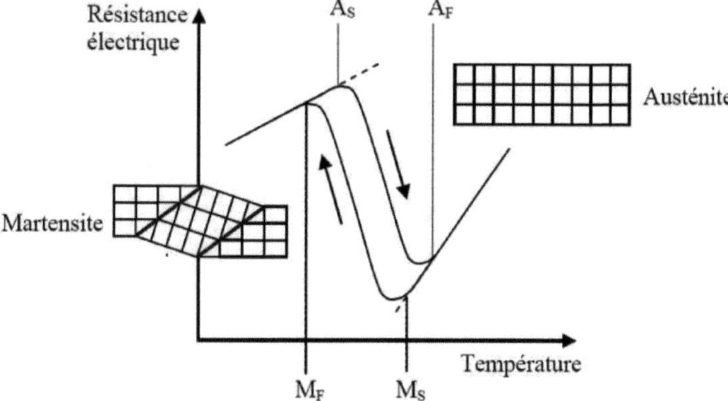

Figure 1.7: Mesures des températures de début et de fin de transformation structurale. Tiré de (J. Tillier, 2010).

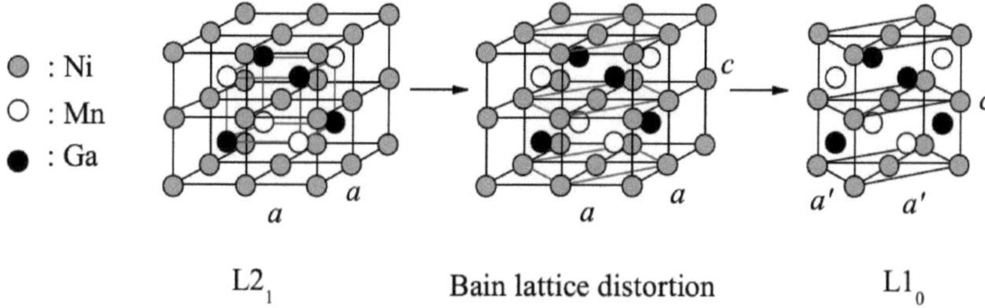

Figure 1.8 : La transformation structurale de l'austénite en martensite se fait par une distorsion de Bain d'une phase cubique $L2_1$ vers une phase $L1_0$ de symétrie moindre, avec changement de repère.

Les déplacements atomiques sont faibles, inférieurs aux dimensions de la maille, et se font par déplacement d'une interface entre les deux phases (A. G. Khachaturyan, 1991). La transformation est donc comparable à une boucle de dislocations, se propageant à l'intérieur de l'une des phases en changeant son arrangement atomique. Pour assurer la compatibilité entre l'austénite et la martensite, l'interface peut s'étendre sur plusieurs couches atomiques et forme une phase adaptative, c'est-à-dire une phase intermédiaire qui se réarrange avec l'abaissement de la température et la propagation de macles en phase martensite. Si cette interface est faite d'un plan invariant, on parle alors de plan d'habitat ou plan d'accolement. Cette déformation est appelée déformation homogène du réseau ou déformation de Bain, car les atomes se déplacent collectivement, sur une distance en général inférieure à 30% de la maille atomique. Pour diminuer la contrainte induite par la transition structurale, la martensite se module à une échelle mésoscopique par une adaptation de sa nanostructure. La taille de ses modulations est comparable aux distances interatomiques (L. Righi, 2008). Ainsi, à partir d'un plan invariant d'un monocristal d'austénite, la martensite peut nucléer, afin de s'adapter aux contraintes multiples, suivant différentes orientations formant les divers domaines (Figure 1.3). À l'échelle macroscopique dans la martensite, une déformation à réseau invariant (glissements plastiques, maclages, fautes d'empilement) peut également avoir lieu (Figure 1.9 et Figure 1.10). Celle-ci conserve un plan invariant et permet à la martensite de minimiser l'énergie de transformation soit lors de la nucléation d'autres domaines martensitiques orientés différemment, soit lors de l'application de toute autre contrainte.

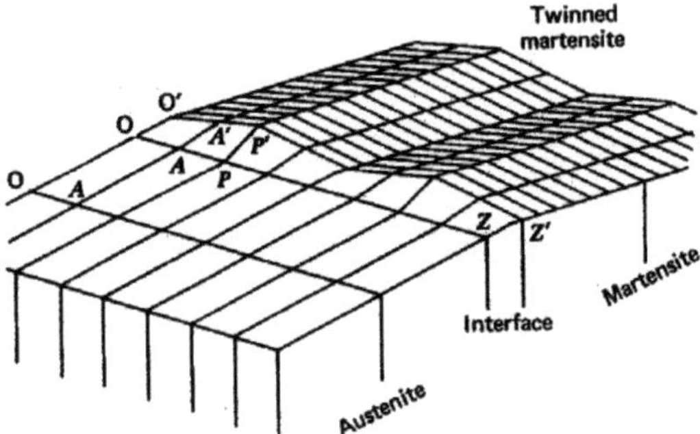

Figure 1.9 : Représentation schématique, à l'échelle des distances interatomiques, de la transformation de l'austénite en martensite. Un maclage périodique de la martensite est alors observé, en aspect de tweed (J. De Vos, 1978).

La martensite nuclée en auto-accomodation (Figure 1.10), (*self accommodation*), ce qui veut dire qu'elle s'oriente de manière à minimiser l'énergie élastique interne due aux déformations des autres domaines, également appelés variantes. Un monocristal d'austénite se transforme en plusieurs domaines martensitiques selon un nombre fixe d'orientations différentes et équiprobables qui dépend des structures des phases martensite et austénite. L'angle de rotation α entre deux variantes partenaires découle des paramètres de la maille de la martensite.

Par exemple, dans le cas où la martensite est tétragonale avec des paramètres de maille a et c, on a :

Équation 1.1 :
$$\alpha = 2 * \left[\frac{\pi}{4} - arctan\left(\frac{a}{c}\right)\right]$$

Cette capacité d'auto-accommodation assure également la compatibilité entre les domaines.

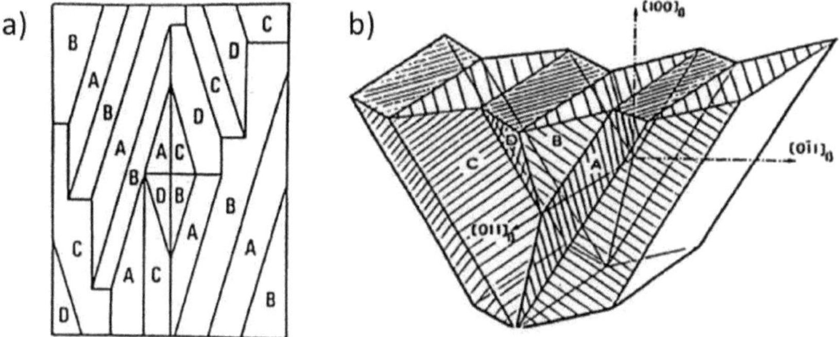

Figure 1.10 : Représentation schématique de 4 possibilités d'orientations des variantes de la martensite, à a) deux et b) trois dimensions, tirée de (J. De Vos, 1978).

2) *Effet de la composition sur la température de transformation*

La maitrise de la composition est fondamentale dans l'élaboration des alliages de type Heusler Ni-Mn-X. La largeur du cycle d'hystérésis est souvent attribuée à des variations de la composition de l'échantillon, même faible (< 2%) (J. C. Bennett, s.d.). La température de transformation structurale varie de façon quasi linéaire avec le pourcentage atomique d'électrons de valence. La concentration atomique d'électrons de valence est calculée à l'aide de la concentration en électrons de valence des atomes pris individuellement et de la concentration globale de l'alliage. Nous noterons donc que les configurations électroniques donnent aux atomes la concentration en électrons de valence suivante : Ni = [Ar] $3d^8$ $4s^2$, Co = [Ar] $3d^7$ $4s^2$, Mn = [Ar] $3d^5$ $4s^2$ et In = [Kr] $4d^{10}$ $5s^2$ $5p^1$. Le nickel possède donc 10 électrons de valence, le cobalt 9, le manganèse 7 et l'indium 3.

La concentration atomique en électrons de valence e/a est obtenue à l'aide de l'équation suivante :

Équation 1.2:

$$\left(\frac{e}{a}\right) = \frac{10 * Ni_{\%at} + 9 * Co_{\%at} + 7 * Mn_{\%at} + 3 * In_{\%at}}{100}$$

La température de transformation M-A M_S est fortement liée à la valeur de e/a, comme montré sur la Figure 1.11 (W. Ito, 2007). Nous pouvons alors remarquer que la température de Curie est presque indépendante de la valeur de e/a. En revanche, pour les materiaux de type Heusler Ni-Co-Mn-X (X = In, Sn et Sb), alors que la concentration de cobalt n'affecte pas significativement la température de transition structurale M_T, la température de Curie est sensiblement affectée. Une variation de 1 à 3% en concentration de cobalt peut déplacer la température de Curie de 50 K vers les hautes températures (Z. Wu, 2011).

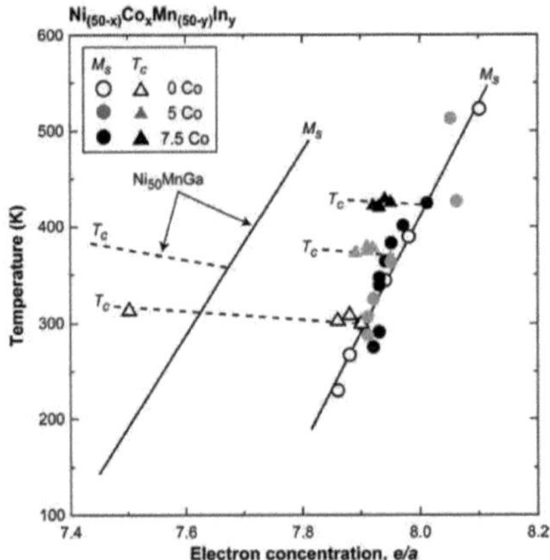

Figure 1.11 : Evolution de la température de transformation structurale en fonction du pourcentage e/a pour différentes concentrations en Co. La variation de la température de Curie est également représentée. Courbe tirée de (W. Ito, 2007).

3) *Effet de la cinétique lors de la transformation*

Comme déjà mentionné la transition M-A est une transformation displacive du premier ordre. La cinétique de la thermodynamique de ces transformations est soit qualifiée d'athermique soit d'isothermique. Une transformation M-A activée par des fluctuations thermiques (donc activée thermiquement) est dite isothermique. Dans ce cas un quotient de fluctuations thermique est nécessaire pour passer la barrière d'activation et lancer le processus de transformation, celle-ci continue donc à procéder dans le temps. En revanche, un processus se faisant sans activation par des fluctuations thermiques est lui indépendant du temps et dépendra et aura lieu lors des variations de la température. Il sera donc dit « athermique » ne signifiant pas « indépendant de la température », mais procédant sans activation thermiques (D.E. Laughlin, 2008).

Les premières mesures réalisées de manière systématique sur les effets athermiques et isothermiques ont été faites par T. Kakeshita *et al.* sur un alliage Fe-Ni-Mn (T. Kakeshita, 1993). Kakeshita considère qu'il est possible de transformer une transformation isothermique en une transformation athermique en appliquant un fort champ magnétique. De même il est possible de transformer une transformation athermique en transformation isothermique par application d'une pression. De ces expériences, un modèle phénoménologique a été développé afin de rendre compte de la relation possible qui existe entre une transformation isothermique et une transformation athermique. Il existe un gap $\Delta = \delta - \Delta G(T)$ entre les deux phases qui requiert un supplément d'énergie au-dessus de Ms dans le cas de la transformation athermique et systématiquement pour chaque température dans le cas de la transformation isothermique. δ est la force principale nécessaire pour engendrer la transformation martensitique et ΔG est l'énergie libre chimique de Gibbs entre la phase austénitie et la phase martensite. Les particules transitent au-delà du gap en énergie. La transformation martensitique peut être induite lorsqu'un certain nombre de particules forment un cluster de phase martensitique même lorsque le gap n'est pas nul. Le temps de formation du cluster induit un comportement dépendant de la cinétique. La transformation est engendrée spontanément lorsque le gap s'annule.

Un effet particulier du champ magnétique a également été observé par d'autres groupes lors du refroidissement d'un matériau Ni-Mn-X (X = In, Sn et Sb) de type Heusler.

Nous observons qu'en présence d'un champ magnétique, la différence d'aimantation lors de la transformation structurale diminue Figure 1.12. Cette diminution est attribuée à un blocage de la phase à haute température dépendant de la cinétique de refroidissement appelé *kinetic*

arrest (KA). Une partie ou la totalité de la phase austénitique ne se transforme alors plus lors du refroidissement. La diminution de la température de transformation magnétostructurale engendrée par le champ magnétique pourrait être en partie responsable de ce comportement vitreux. Le champ magnétique diminue la valeur de ΔG, énergie libre chimique de Gibbs entre la phase austénitique et la phase martensite, et diminue donc la valeur de la variation d'entropie ΔS (W. Ito, 2008), (S. Kustov, 2009). L'effet peut être comparé à la transition vitreuse. Ainsi, à basses températures, les fluctuations thermiques ne sont plus suffisantes pour engendrer la transformation martensitique (F. Chen, 2010), puisque la valeur du gap en énergie est plus grande. Ces explications remettent en cause la qualification de transformation athermique géneralement donnée à la transformation martensitique. Cependant, les effets de KA observés sont encore peu étudiés et toujours mal compris, c'est donc un sujet porteur de recherches dans le futur.

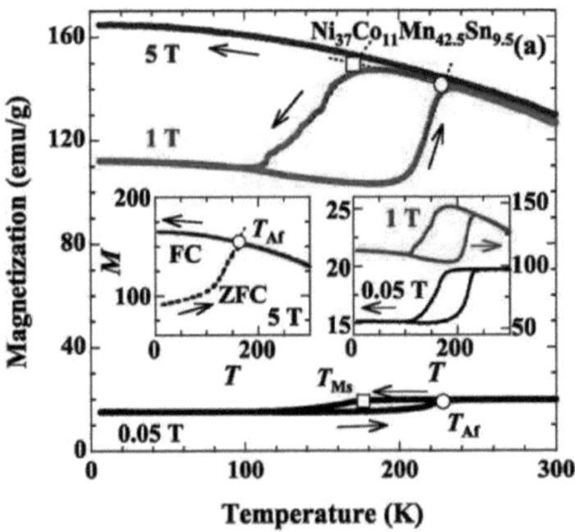

Figure 1.12 : Evolution de l'aimantation d'un massif polycristallin de $Ni_{37}Co_{11}Mn_{42,5}Sn_{9,5}$. Une augmentation de l'aimantation de la phase basse température est observée dès 1 T, alors qu'aucune transformation magnétostructurale ne se produit à 5 T (R. Y. Umetsu, 2011).

C) Effet mémoire de forme par application d'une contrainte ou d'un champ magnétique

La phase basse température des matériaux de type Heusler de la famille Ni-Mn-X (X = Ga, In, Sn et Sb) présente une importante anisotropie cristalline, conformément aux structures martensitiques (J. Pons, 2000) (D. E. Laughlin, 2005) (D. Schryvers, 1995). De plus, l'importante anisotropie cristalline de la martensite, si elle est couplée à une importante mobilité des plans de macles, peut favoriser la nucléation et la croissance d'une variante d'orientation préferentielle lors de l'application d'une pression uniaxiale. La croissance d'une variante unique dans l'état martensitique peut entraîner une grande déformation macroscopique (jusqu'à 10%) de l'échantillon. On parlera alors de **réarrangement de variantes**. Cette variante reste unique jusqu'à nucléation de l'austénite ou application d'une contrainte favorisant une autre orientation martensitique. Le retour à la forme initiale se produit par chauffage dans la phase austénite. Cet effet est appelé effet **mémoire de forme** (AMF) *Figure 1.13*.

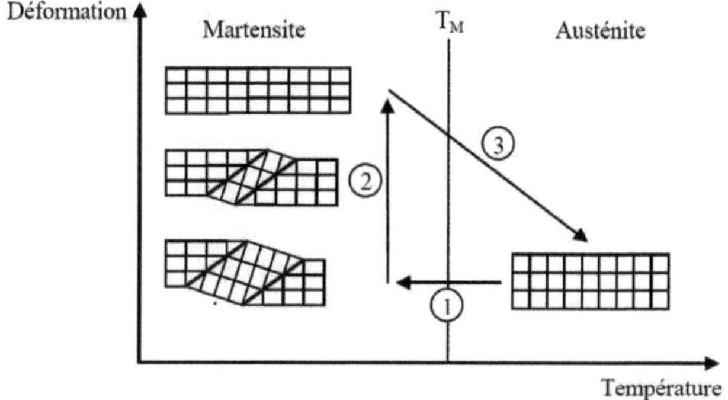

Figure 1.13: Représentation schématique de l'effet mémoire de forme par variation de la température et des contraintes. Tiré de (J. Tillier, 2010).

Lorsque la martensite possède une anisotropie magnétocristalline couplée à une grande mobilité des plans de macles, l'application d'un champ magnétique peut également induire un réarrangement des variantes martensitiques (K. Ullakko, 1996). On parle alors de **mémoire de forme magnétique** (MFM). Il s'agit d'un réarrangement des variantes de la martensite maclée en faveur de la variante présentant une orientation avec un axe de facile aimantation dans la direction la plus proche de celle du champ magnétique. Il n'y a donc pas rotation des moments ou domaines magnétiques dans la direction du champ mais croissance cristallographique d'une variante aux dépens d'une autre. Lorsque le champ magnétique est nul, les moments magnétiques de chaque variante pointent en direction de l'axe de facile aimantation (axe c). Lors de l'application d'un champ magnétique, la variante avec l'axe de facile aimantation le plus favorablement orienté subira une croissance, au détriment des autres variantes, par mouvement des plans de macles (voir Figure 1.14). Pour engendrer le déplacement des plans de macles, il faut que le champ magnétique dépasse une valeur critique pour laquelle la différence d'énergie Zeeman entre deux variantes dépasse l'énergie mécanique nécessaire au déplacement collectif des atomes au voisinage du plan de macle (K. Ullakko, 1996). Dans Ni-Mn-In, les plans de macles sont moins mobiles et la phase martensite possède des corrélations antiferromagnétiques. Cet effet est donc moins présent.

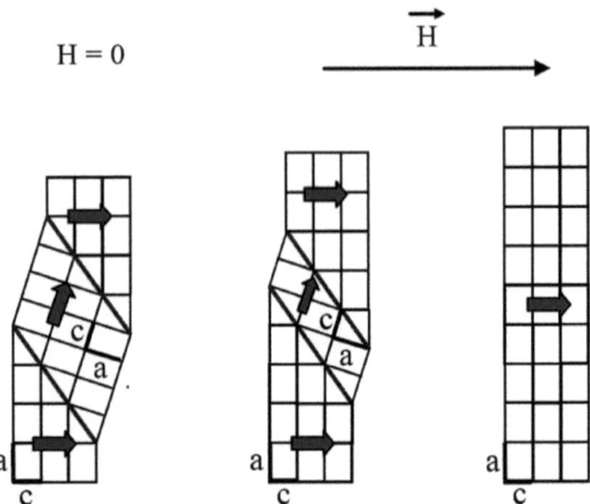

Figure 1.14 : Représentation schématique du réarrangement de variantes martensitiques par application d'un champ magnétique extérieur - exemple d'une martensite pseudo-orthorhombique, avec c l'axe de facile aimantation (J. Tillier, 2010).

II)   Propriétés induites par la transformation Martensite - Austénite

A) Changement d'état magnétique ferromagnétique - antiferromagnétique

Les composés Ni-Mn-X avec X=In, Sn ou Sb, ont la particularité d'avoir une phase martensitique présentant une aimantation sinon nulle du moins beaucoup plus faible que celle de la phase austénite. Il en résulte alors deux phases avec une différence d'enthalpie magnétique d'autant plus importante que l'est la différence d'aimantation. Ce matériau présentera alors diverses fonctions et propriétés physiques, notamment dans le domaine de l'énergie. Pour les matériaux de type Heusler Ni-Mn-X les différents états magnétiques des phases austénites et martensites dépendent du couplage entre les atomes Mn situés dans les sites Mn normaux (dits Mn_1) et des atomes Mn dopant les atomes In (dits Mn_2). Des simulations ont pu montrer l'importante de l'interaction entre les atomes de manganèse situés à différentes distances (V. V. Sokolovskiy, 2014). Ainsi l'importance de l'aimantation d'une phase dépend de la structure cristalline de cette phase (Y. Z. Ji, 2011) et il en va donc de même des propriétés physiques qui en découlent. Par ailleurs, l'application d'un champ magnétique sur un alliage d'Heusler de type Ni-Mn-X (X=In, Sn et Sb) entraîne le déplacement de la température de transformation structurale vers les basses températures stabilisant la phase la plus magnétique (Figure 1.15).

Un exemple d'évolution de l'aimantation en fonction de la température, due à une transformation structurale du premier ordre, pour un alliage de type Heusler Ni-Co-Mn-In, avec son cycle d'hystérésis, est représenté sur la Figure 1.15. On peut remarquer que l'application d'un champ de 7 T décale les températures de transformation de plusieurs dizaines de kelvins vers les basses températures.

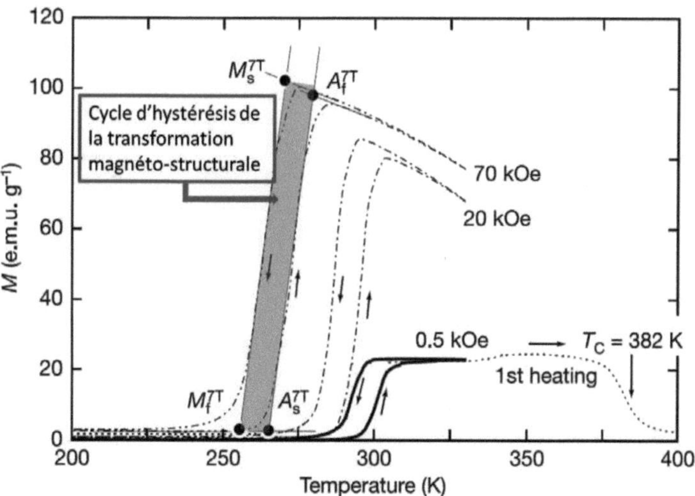

Figure 1.15 : Evolution de la température de transformation structurale et du cycle d'hystérésis, en fonction du champ magnétique appliqué, pour un monocristal de $Ni_{45}Co_5Mn_{36,6}In_{13,4}$ (R. Kainuma, 2006).

B) Effet magnétocalorique

L'**effet magnétocalorique** (EMC) a été découvert par le physicien allemand E. Warburg en 1881. En 1933 W. F. Giauque et D. P. MacDougall ont démontré expérimentalement que des températures de 0,25 K pouvaient être atteintes par ce biais. De plus cette méthode de réfrigération a l'avantage d'être plus écologique que des méthodes pouvant potentiellement relâcher des gaz toxiques.

Lorsqu'on applique un champ magnétique à température constante à un matériau paramagnétique ou ferromagnétique, les moments ou les domaines magnétiques s'orientent dans la direction du champ et l'entropie magnétique diminue ainsi que l'entropie totale puisque la température reste constante (ΔS, changement d'entropie). On parle d'effet magnétocalorique direct (ou exothermique). Dans des conditions adiabatiques, lorsqu'on enlève le champ magnétique, l'entropie du réseau diminue afin de garder constante l'entropie du système et compenser l'augmentation de l'entropie magnétique. Il se produit alors une diminution de la température (ΔT_{ad}, changement de température adiabatique).

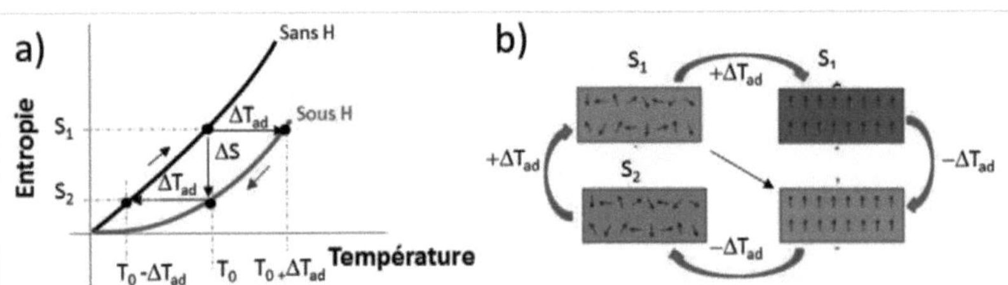

Figure 1.16: a) Evolution de ΔT_{ad} et ΔS_m lorsqu'un champ magnétique est appliqué, ou relâché, dans le cas de l'effet magnétocalorique d'une transition du second ordre (comme la transition de Curie). b) évolution de la température et de l'orientation des moments magnétiques lors d'un cycle réalisé dans des conditions adiabatiques et/ou isothermes.

Effet magnétocalorique direct et effet magnétocalorique inverse

L'effet magnétocalorique (EMC) se produit aux alentours de la température où de grands changements de l'aimantation peuvent se produire. Les aptitudes d'un matériau vis-à-vis de l'EMC se caractérisent par l'amplitude de ΔT_{ad} et ΔS. Ainsi un matériau ferromagnétique possédera un fort EMC près de sa température de Curie Figure 1.16. De même, lors de la transformation structurale passant d'un état antiferromagnétique à un état magnétique, un fort

EMC est également attendu.

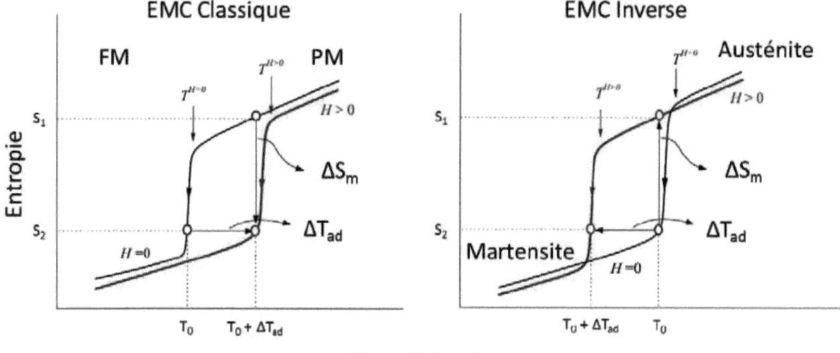

Figure 1.17: Évolution de ΔT_{ad} et ΔS_m lorsqu'un champ magnétique est appliqué, lors d'une transition du premier ordre, dans le cas de l'effet magnétocalorique classique et inverse (S. Aksoy, 2010). Les flèches rectilignes verticales et horizontales représentent l'effet de l'application d'un champ magnétique dans des conditions respectivement isothermes ou adiabatiques. Pour le cas de l'EMC classique, ΔT_{ad} est positif et ΔS_m est négatif, pour le cas de l'EMC inverse ΔT_{ad} est négatif et ΔS_m est positif.

Dans le premier cas (température de Curie), l'application d'un champ va avoir tendance à déplacer la température de transformation vers les hautes températures alors que dans le second cas (transformation M-A), elle aura tendance à déplacer les températures de transformation vers les basses températures (Figure 1.17). Dans tous les cas de figure, l'entropie à champ nul est supérieure à celle avec un champ puisque l'entropie magnétique diminue sous champ. La situation est plus complexe pour l'EMC inverse, où pendant la transition, l'application d'un champ magnétique dans l'état martensitique va favoriser la nucléation de la phase austénitique et augmenter en même temps l'entropie du système car l'entropie de la martensite est inférieure à celle de l'austénite

Les alliages de type Heusler Ni-Mn-Ga et Ni-Mn-X (x=In, Sn et Sb) présentent de forts effets magnétocaloriques. Les variations d'entropie ΔS et les pouvoirs de refroidissement *RCP (Relative Cooling Power)* de ces matériaux (D. Bourgault, 2010) sont comparables à ceux obtenus dans les alliages de type $Gd_5Si_2Ge_2$ (V.K. Gschneidner, 1997), MnAsSb (H. Wada, 2001) et $La(Fe,Si)_{13}$ (S. Fujieda, 2002), bien connus pour leurs potentialités en réfrigération magnétique (Figure 1.18).

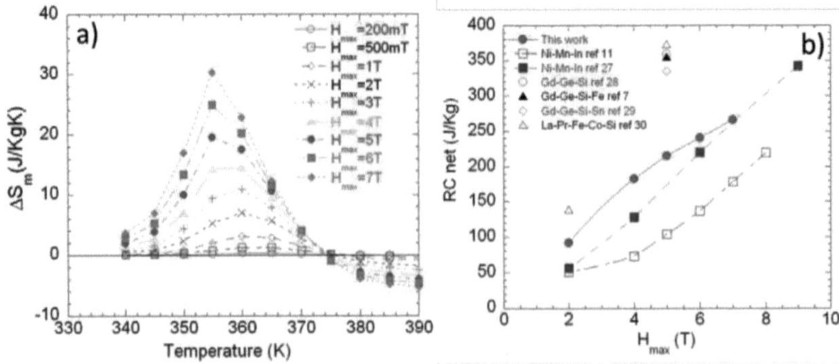

Figure 1.18: a) Variation d'entropie d'un monocristal $Ni_{45}Co_5Mn_{37,5}In_{12,5}$ en fonction de la température. b) Pouvoir de refroidissement en fonction du champ magnétique appliqué pour un monocristal $Ni_{45}Co_5Mn_{37,5}In_{12,5}$ (« this work » en rouge). Les résultats sont comparables aux meilleurs matériaux utilisés pour leurs propriétés magnétocaloriques (D. Bourgault, 2010).

C) Effet barocalorique

L'effet barocalorique est très similaire à l'effet magnétocalorique mais les changements sont induits par l'application d'une pression. De manière similaire, il y a une variation d'entropie lors de l'application d'une pression et ce d'autant plus qu'on se place près de la transformation structurale. Par ailleurs, la différence en volume des deux phases entraîne un décalage des températures de transformations vers les hautes températures avec la pression (L. Manosa, 2010). L'effet barocalorique peut être conséquent dans certains matériaux de type Heusler, où un grand changement de volume existe entre l'austénite et la martensite, tel que $Ni_{49,26}Mn_{36,08}In_{14,66}$ avec une variation d'entropie de -23 J/kgK sous 2,45 kbar à 293 K, comme montré sur la *Figure 1.19* (L. Manosa, 2010). Comme, l'application d'une pression a ici l'effet inverse du champ magnétique, la variation d'entropie est donc négative. Pour le même matériau L. Manosa *et al.* trouvent un effet magnétocalorique inverse de 10 J/kgK avec un champ magnétique de 0,94 T à 291 K (L. Manosa, 2010). Enfin, le décalage en température de la transformation structurale par application d'une pression ou d'un champ magnétique, permet d'ajuster la température de l'effet magnétocalorique ou barocalorique sans en changer la valeur intrinsèque.

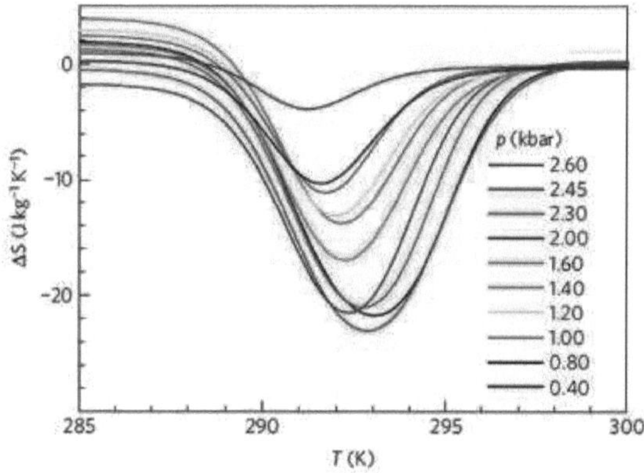

Figure 1.19: Effet barocalorique pour différentes pressions, tiré de (L. Manosa, 2010).

D) Magnétorésistance

Un phénomène de magnétorésistance, supérieur à la magnétorésistance classique, est observé dans certains matériaux de type Heusler et notamment ceux de la famille Ni-Mn-X (X = In, Sn et Sb). Il provient de la transformation de phase qui induit un changement de conductivité du matériau de type Heusler. La phase austénitique présente une plus importante densité d'états électroniques au niveau de Fermi, entraînant une diminution de la résistivité lors de la transformation inverse (I. Dubenko, 2012).

Certaines études ont montré la possibilité d'avoir une variation de 70% en magnétorésistance à 180 K entre 0 et 5 T, sur un alliage de type Heusler $Ni_{50}Mn_{35}In_{15}$ massif et monocristallin (S. Y. Yu, 2006). Mais il a été montré, pour des composés massifs monocristallins de $Ni_{45}Co_5Mn_{37,5}In_{12,5}$ que la magnétorésistance directe peut varier de 50% à 30% à 355 K en fonction de l'historique de l'échantillon mesuré (L. Porcar, 2012). Les effets de magnétorésistance directe ont souvent des ordres de grandeurs de seulement quelques dizaines de pourcent à de basses températures : 20% à 174 K pour (M. Khan, 2008), alors qu'avec les mêmes matériaux, des effets plus marqués sont observés par comparaison des courbes de thermo-résistivité sous différents champs magnétiques (42% à 175 et 250 K et 23% à 320 K), comme montré sur la Figure 1.20 (M. Khan, 2008). Sur ces courbes, ρ est la résistivité, $\Delta\rho =$ $(\rho(H, T) - \rho_0)$ et $\rho_0 = \rho(H = 0, T)$.

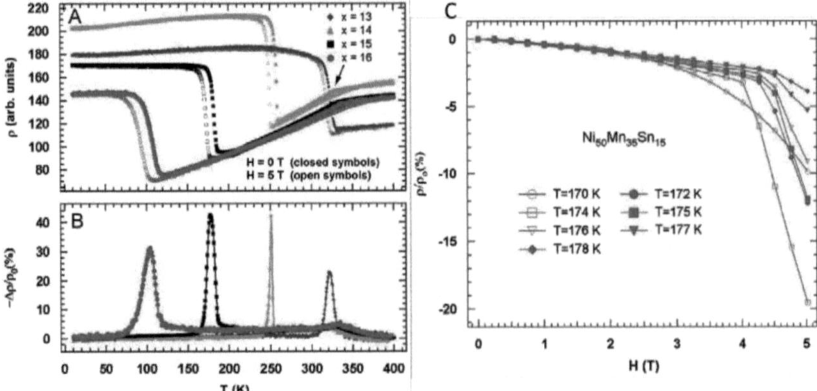

Figure 1.20 : Effet de magnétorésistance sur des matériaux de type Heusler. A) Thermo-résistivité de différents alliages, avec et sans champ magnétique pour respectivement les symboles vides et pleins. B) Variation $\Delta\rho/\rho_0$ (%) pour chaque courbe. C) Variation de résistance en fonction du champ magnétique, sous différentes températures, pour le massif $Ni_{50}Mn_{35}Sn_{15}$. Ces résultats sont issus des travaux de (M. Khan, 2008).

E) Piezorésistance

La pression décale le domaine d'hystérésis thermique, vers les hautes températures. Ce phénomène a été étudié récemment sur un matériau monocristallin de composition $Ni_{50}Mn_{34,5}In_{15,5}$ (L. Porcar, 2012). Le domaine compris à l'intérieur de l'hystérésis sans champ et sans pression représente le domaine de métastabilité des phases austénite et martensite. Tout point intérieur peut être stabilisé de manière permanente par application temporaire d'une pression. Le domaine extérieur à l'hystérésis n'est stable qu'en présence d'une pression de manière permanente. L'hystérésis thermique apparaît car il y a nucléation et croissance ou propagation d'interfaces au sein d'une phase ce qui coûte de l'énergie. Or ce coût en énergie se retrouve à la descente et à la montée en température. L'énergie nécessaire au déplacement des interfaces peut être fournie sous forme de travail mécanique. Une irréversibilité des paramètres (résistivité, longueur, aimantation) apparaît sous pression lorsque la phase nucléée reste dans le domaine de métastabilité, soit lorsque l'application de la pression est concomittente avec l'évolution de la température. Un changement réversible apparaît lorsque l'application de la pression se produit en dehors du domaine de métastabilité, soit lorsque la pression agit de manière antagoniste à la température Figure 1.21 (L. Porcar, 2014).

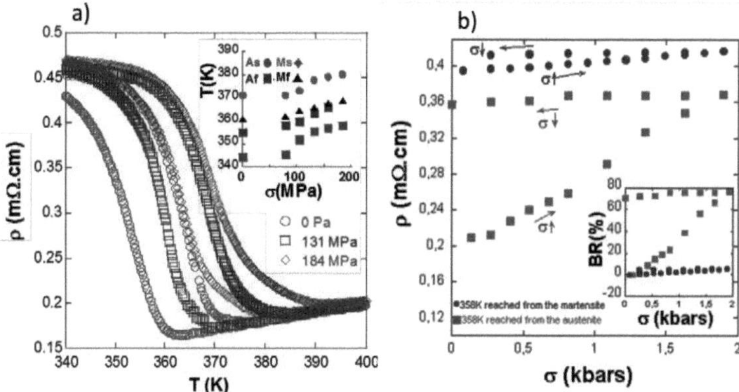

Figure 1.21: a) Courbes thermo-résistives en fonction des pressions uniaxiales appliquées. b) Variation de la résistivité en fonction de la pression pour une température fixe à l'intérieur du cycle d'hystérésis atteint depuis les basses (en bleu) ou les hautes (en rouge) températures (L. Porcar, 2012).

III) Composés Ni-Mn-X de type Heusler sous forme de films

Les études sur des films Ni-Mn-X (X = In, Sn et Sb) de type Heusler sont peu nombreuses du fait de leur difficulté d'élaboration, notamment à cause de la volatilité de l'indium engendrant de multiples problèmes pour obtenir un film avec la bonne stœchiométrie. L'élaboration de composés de type Heusler sous forme de films modifie certaines de leurs propriétés physiques, d'autant plus que l'anisotropie de la phase martensitique est importante. De plus elle est nécessaire pour les multiples applications potentielles de ces alliages, entre autres pour les MEMS (*Micro-Electro-Mechanical Systems*).

A) Diverses méthodes d'élaboration

La découverte en 1996 de la capacité de réarrangement structural induit magnétiquement a entraîné une recherche considérable sur ces alliages (K. Ullakko, 1996). La recherche de l'élaboration de composés de type Heusler sous forme de films a très vite été entreprise pour toutes les utilisations à l'échelle microscopique qui peuvent en découler. Différentes méthodes de dépôt ont été utilisées :

- Des premiers films Ni_2MnGa d'une épaisseur de l'ordre du micromètre ont été élaborés à l'aide d'un procédé de pulvérisation à basse température suivi d'un recuit d'une heure à 600°C (C. Liu, 2008) ou 800°C (V.A. Chernenko, 2005). Des films de Ni-Mn-Ga-Fe déposés par co-pulvérisation puis libérés de leur substrat d'alcool polyvinylique ont également été élaborés avant de subir un recuit d'une heure à 800°C entre deux plaques d'alumine (K. Koike, 2007). Les films polycristallins déposés par cette technique possèdent des propriétés magnétiques intéressantes ainsi qu'une transformation de phase entre l'austénite et la martensite.

- L'épitaxie par jet moléculaire (MBE pour *Molecular Beam Epitaxy*) a été utilisée pour déposer un film de Ni_2MnGa sur un substrat monocristallin de Ga-As (001) (J.W. Dong, 2004). Cette méthode consiste à effectuer un bombardement ionique sur une ou plusieurs cibles constituées des éléments souhaités. Ces cibles sont préalablement chauffées à proximité de leurs températures d'évaporation. Un ou plusieurs jets moléculaires sont alors envoyés sur le substrat qui est refroidi à la température ambiante. Une croissance, lente mais épitaxiale est alors possible sur celui-ci. Après libération du film un réarrangement induit par champ magnétique a pu être observé vers 135 K (J.W. Dong, 2004).

- D'autres ont utilisé l'électrodéposition pour réaliser des films Ni-Mn de 4 μm d'épaisseur (R. Fathi et S. Sanjabi, 2012). Cette méthode consiste à faire circuler un courant électrique dans une solution liquide (ici du chlorure) contenant une concentration définie d'éléments à déposer (ici $NiCl_2$/$MnCl_2$). Un dépôt se réalise alors au niveau de l'électrode (ici en cuivre).

- Une méthode d'évaporation flash a également été utilisée (J. Dubowik, 2004). Cette méthode consiste à évaporer le matériau cible par divers moyens : soit la cible est chauffée à l'aide d'un faisceau d'électrons pouvant atteindre 15 keV, soit le matériau cible est directement chauffé à l'aide d'un filament, d'une barre en céramique chauffée ou encore par effet joule. La vapeur se condense ensuite sur le substrat choisi qui est refroidi.

- Par la suite des dépôts plus rapides ont été réalisés de 400 à 700°C soit par procédé de pulvérisation cathodique (M. Thomas, 2008), par co-pulvérisation (J. Tillier, 2011) ou encore par ablation laser pulsée (dit PLD pour *Pulsed Laser Deposition*) (P.G. Tello, 2002) (A. Hakola, 2007) (Y. Zhang, 2010). Cette dernière méthode consiste à irradier un matériau cible avec un faisceau laser de haute énergie. La surface de cette cible est alors chauffée puis ionisée avant de créer un plasma.

Dans ces divers travaux, l'évaporation préférentielle du Mn et du Ga pendant le dépôt à haute température a été compensée par l'enrichissement approprié du matériau cible utilisé ou par l'ajout d'une seconde cible de ces composés. La composition est ainsi maitrisée et des phases martensites modulées peuvent être obtenues à température ambiante.

Des effets de réarrangement induit par champ magnétique ont été observés sur des films de type Ni-Mn-Ga de 0,47 µm d'épaisseur, épitaxiés sur leurs substrats monocristallins. Cependant, la contrainte induite par le réarrangement de phases sous champ magnétique est trop faible pour déformer le substrat rigide. Par conséquent, l'effet de réarrangement sera amoindri, notamment aucun réarrangement de variantes ne se produira au niveau de l'épitaxie en raison de la contrainte imposée par le substrat (M. Thomas, 2008). Cependant, sur le reste de l'épaisseur de la couche, des réarrangements de variantes sous champ se produisent, induisant des sauts d'aimantation comme montré sur la Figure 1.22. En effet, une partie des domaines martensitiques alignent alors leur axe de facile aimantation avec le champ magnétique, augmentant l'aimantation globale du film. Mais ces sauts d'aimantation sont moins importants que dans le cas de Ni_2MnGa massif. Le réarrangement est supposé non total en raison des contraintes induites par le substrat (M. Thomas, 2008).

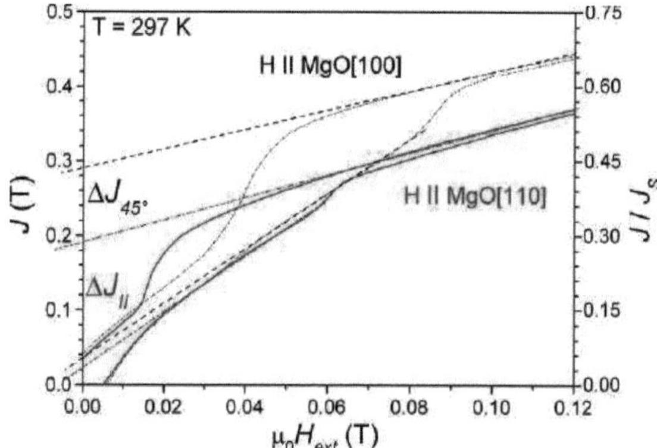

Figure 1.22 : Aimantation polarisée J à 297 K. Les mesures sont faites parallèlement à la direction [100] et [110] du substrat monocristallin MgO (respectivement en noir et en rouge). Des sauts d'aimantation apparaissent vers 0,06 et 0,08 T.

B) Effet du substrat

La première différence entre les films reportés dans la littérature réside dans l'utilisation ou non d'un substrat. En effet, l'utilisation d'un substrat rigide va souvent engendrer des contraintes dans le film, facilitant et figeant une phase particulière (martensite modulée ou autres), notamment dans le cas d'épitaxie de film (A. Backen, 2013). De plus, les joints de grains ont un effet significatif si leur rapport sur le volume du grain est important. Par conséquent la taille des grains de l'alliage de type Heusler va influer considérablement sur les propriétés de celui-ci. Ainsi une taille de grains de l'ordre de quelques nanomètres va créer des contraintes internes et également prévenir la diffusion d'une nouvelle phase au travers des joints de grains (R. Kaur, 2010). Les propriétés magnétiques sont alors généralement affectées car les interactions magnétiques et l'aimantation à saturation sont réduites lorsque les joints de grains, qui peuvent constituer jusqu'à 15% du volume, représentent une phase non magnétique. Les effets de coercivité sont également amplifiés en diminuant la capacité de déplacement des parois de domaines magnétiques (M. Kufib, 2005).

Aussi, l'utilisation d'un substrat va créer des contraintes favorisant une phase plutôt qu'une autre (J. Dubowik, 2007) et qui peuvent empêcher totalement la transformation ou décaler les températures de transformation structurale (A. Sokolov, 2013). Par contre, plus le film est épais, et plus les contraintes induites par le substrat pourront être relâchées (P. Ranzieri, 2013). Il y a nucléation de martensite modulée, qui joue alors le rôle de phase tampon entre l'austénite et la martensite. Le type de modulation (10M ou 14M) de même que l'orientation de ces modulations, dépendent principalement des contraintes résiduelles et donc de l'épaisseur du film. C'est seulement après cette relaxation que la nucléation d'une nouvelle phase sera possible. Cependant à proximité du substrat la phase présente ne subira en général pas de transformation structurale, les contraintes locales étant trop importantes pour le lui permettre. Elles affecteront également fortement les températures de début et de fin de transformation structurale, qui peuvent alors être utilisées pour étudier les épaisseurs critiques des dépôts. Une étude publiée par V.A. Chernenko *et al.* sur des films épitaxiés de Ni-Mn-Ga épitaxiés sur un substrat d'alumine montre une forte dépendance en épaisseur des températures de transformation magnétostructurale (V. A. Chernenko, 2006). Ainsi la température de début de transformation martensitique peut aller de plus de 355 K à presque 330 K pour des films d'épaisseur atteignant respectivement 200 nm et 500 nm (Figure 1.23). Cependant, la mesure est difficile car très dépendante du lieu de nucléation de la phase mère ou de la phase fille. Ces études montrent l'importance de l'épaisseur du film sur les températures de transformations lorsqu'elle est égale ou inférieure à 1 µm.

La libération du dépôt de son substrat est une autre technique permettant de relaxer les contraintes. Cette méthode a été utilisée à plusieurs reprises pour l'élaboration de films de type Ni-Mn-Ga. Diverses techniques ont été choisies en fonction du film recherché :

- Une première consiste à élaborer des films polycristallins avec une texture uniaxiale à partir de l'utilisation d'une couche sacrificielle de photo-résine qui se dissout dans de l'acétone (J. Tillier, 2010). Les films possèdent une transformation martensitique du premier ordre et un effet de mémoire de forme.

- Plus généralement des films épitaxiés sur une couche sacrificielle de Cr ont été réalisés. Une couche de chrome de 100 à 500 nm d'épaisseur a d'abord été épitaxiée sur un substrat monocristallin de MgO (100). L'épitaxie d'une couche de Ni-Mn-Ga a ensuite été réalisée à une vitesse de 0,9 nm.s^{-1}. Une solution de nitrate d'ammonium et de cérium, complexant le chrome pour le rendre soluble dans l'eau, a alors permis de libérer un dépôt monocristallin de Ni-Mn-Ga qui présente une transformation M-A (T. Eichhorn, 2011). Cette méthode permet également de graver le Ni-Mn-Ga. La différence entre les films libérés et les films contraints réside essentiellement en une mobilité plus importante des variantes martensitiques, changeant diverses propriétés physiques du film. Le film libéré présente également une ondulation macrostructurale de surface du fait de son plus grand degré de liberté, voir Figure 1.24 (A. Backen, 2010).

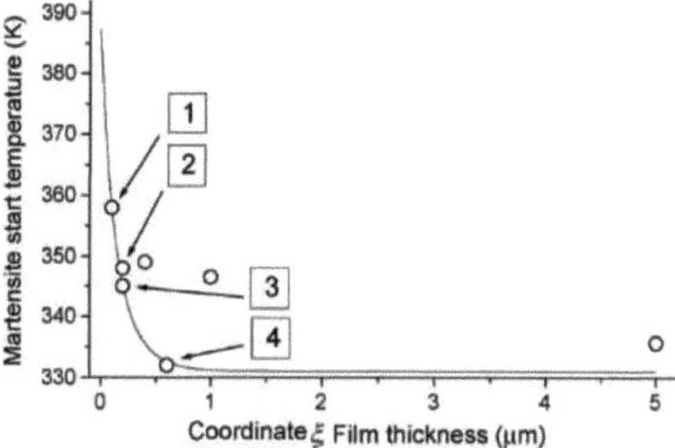

Figure 1.23 : Dépendance en épaisseur de la température de début de transformation martensitique extrapolée à partir des points de mesure 1,2,3 et 4. La courbe est simulée en supposant pour simplification un module de cisaillement unique pour tous les films. Travaux réalisés par (V. A. Chernenko, 2006).

Figure 1.24 : Image d'un film Ni-Mn-Ga libéré montrant une surface très ondulée du fait du plus grand degré de liberté de ce film.

En revanche, à notre connaissance, aucune tentative de libération d'un film de type Ni-Mn-X (X = In, Sn, Sb) n'a été fructueuse jusqu'à maintenant. En effet, il est encore très difficile de maîtriser la composition de ce dernier.

C) Films à transformation magnétostructurale

Durant ces dix dernières années, différentes méthodes ont été employées dans le but d'élaborer des alliages de type Heusler Ni-Mn-X (X = In, Sn et Sb) en couches minces. Très peu de dépôts de films minces de type Heusler Ni_2-Mn-X (X = In, Sn et Sb) ont permis d'observer une transformation structurale à température ambiante vers une phase martensitique non magnétique. Diverses tentatives utilisant différentes méthodes sont mentionnées dans la littérature.

L'ablation laser pulsé a été utilisée pour obtenir un film $Ni_{46}Co_4Mn_{37}In_{13}$ de 10 à 300 nm (C. Jing, 2013). La méthode a aussi été utilisée pour un film Ni-Mn-Sb sur un substrat de silicium (111) ou de In-As polycristallins (J. Giapintzakis, 2002). Cependant, aucune publication de ces groupes montrant une transformation magnétostructurale n'est parue à ce jour.

Un film Ni_2-Mn-In a été déposé sur un substrat monocristallin de silicium (100) par coévaporation (M. Kufib, 2005). Un alliage de type Heusler dans une phase cubique de type $L2_1$ a pu être obtenu mais il n'a pas conduit à la transition magnétostructurale.

D'autres méthodes, utilisant le dépôt par pulvérisation cathodique, ont permis d'avoir des films présentant une transformation structurale. Ainsi (J. Dubowik, 2012) a réalisé un dépôt de $Ni_{50}Mn_{35}Sn_{15}$ (e/a = 8,05%) sur un substrat de MgO (001) avec une épaisseur de 200 à 400 nm. Ce film présente une transformation martensitique, mais à des températures relativement basses d'environ 100-150 K (J. Dubowik, 2012).

Un autre groupe a utilisé la co-pulvérisation pour déposer un film de $Ni_{51,6}Mn_{32,9}Sn_{15,5}$ (e/a = 8,08%) de 200 nm d'épaisseur, sur un substrat de MgO (100), sous une pression d'argon de $2,3.10^{-3}$ mbar (E. Yüzüak, 2013). Bien que le e/a de ce dépôt soit proche de celui précédemment évoqué, la transition martensitique se déroule à plus haute température, entre 241 et 308K pour un champ de 0,01 T. Les contraintes résiduelles, ou des joints de grains provenant du substrat, peuvent être responsables de cette différence en température.

Un film $Ni_{50}Mn_{35}In_{15}$ de 10 nm d'épaisseur sur MgO présentant une transformation magnétostructurale légèrement au-dessus de la température ambiante a également été élaboré par épitaxie par jet moléculaire (LMBE pour *Laser-assisted Molecular Beam Epitaxy*) (A. Sokolov, 2013). Une transformation structurale du premier ordre a été observée pour des températures légèrement au-dessus de la température ambiante. Toutefois la phase martensitique est magnétique.

Enfin, des transformations magnétostructurales légèrement au-dessus de la température ambiante ont été observées sur des films Ni-Co-Mn-In élaborés par pulvérisation cathodique (PVD pour *Physical Vapor Deposition*) (S. Rios, 2010). Les dépôts ont été réalisés sous une pression d'argon de $5,3\ 10^{-3}$ mbar sur un substrat de SiO_2. Le film atteint 20 µm d'épaisseur et a pour composition $Ni_{50}Co_6Mn_{38}In_6$ (e/a = 8,38%) après un recuit à 600°C. Cependant il n'est pas dit si la phase martensitique du film est non magnétique.

En revanche, R. Niemann et ses collaborateurs ont réussi à obtenir un film de type Ni-Co-Mn-In à transformation martensitique à température ambiante, vers une phase martensitique non magnétique (R. Niemann, 2010). Ils ont élaboré leur film par PVD, en utilisant un substrat monocristallin de MgO (001), recouvert d'un dépôt de chrome épitaxié de 20 nm d'épaisseur. Celui-ci permet d'augmenter la mouillabilité du dépôt sur le substrat et peut éventuellement être dissout afin de libérer le film (A. Backen, 2010). Ce film montre une transformation structurale entre 300 et 370 K sous un champ magnétique de 10 mT (Figure 1.25). La phase martensitique est non magnétique contrairement à la phase austénitique, ce qui induit de multiples propriétés physiques telles que la diminution des températures de transformations sous champ et également une importante variation de l'entropie magnétique induisant une valeur de ΔS de 8,8 $J/kg^{-1}K^{-1}$ à 353 K avec un champ magnétique de 9 T.

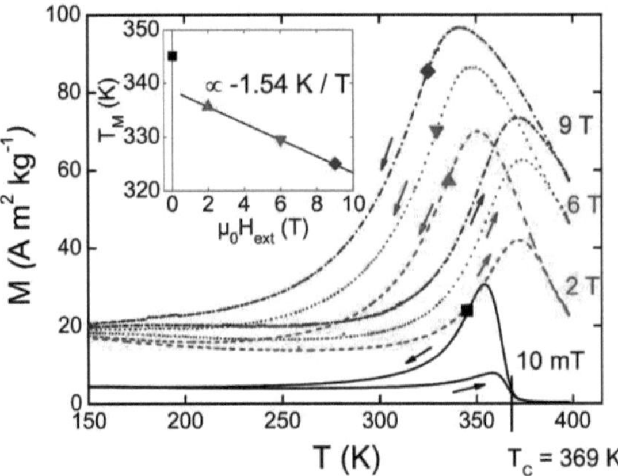

Figure 1.25 : Courbes thermomagnétiques d'un film de type Heusler Ni-Co-Mn-In sous différent champs magnétiques (R. Niemann, 2010).

Le tableau suivant résume les films élaborés par différents groupes de recherche avec leurs propriétés de température de transformation et leurs propriétés magnétiques.

Nom	Film de type Heusler	e/a	M_T (K)	$\Delta M/M_{aust}$
(C. Jing, 2013)	$Ni_{46}Co_4Mn_{37}In_{13}$	7,94	NR	NR
(J. Giapintzakis, 2002)	Ni-Mn-Sb	NR	NR	NR
(M. Kufib, 2005)	Ni_2MnIn	7,50	NR	NR
(J. Dubowik, 2012)	$Ni_{50}Mn_{35}Sn_{15}$	8,05	110	-20%
(E. Yüzüak, 2013)	$Ni_{51,6}Mn_{32,9}Sn_{15,5}$	8,08	263	-50%
(R. Kaur, 2010)	$Ni_{50}Mn_{35}Sn_{15}$	8,05	86	-70%
(R. Kaur, 2010)	$Ni_{50}Mn_{35}Sn_{15}$	8,05	295	-92%
(A. Sokolov, 2013)	$Ni_{50}Mn_{35}In_{15}$	7,9	317	-11%
(S. Rios, 2010)	$Ni_{45}Co_5Mn_{36,6}In_{13,4}$	7,91	379	NR
(R. Niemann, 2010)	$Ni_{48}Co_5Mn_{35}In_{12}$	8,06	335	-85%

Tableau 1.1 : Récapitulatif des propriétés de films de type Ni-Mn-X (X = In, Sn et Sb) répertoriés dans la littérature. M_T est la température de transformation structurale, $\Delta M/M_{aust} = [(M_{Aust} - M_{Mart.})/(M_{Aust})]$ représente la variation relative de l'aimantation entre M_{Aust}, l'aimantation de l'austénite et M_{Mart}, l'aimantation de la martensite. NR signifie que les données ne sont pas renseignées.

IV)   Conclusion

L'objet de ce chapitre a été de présenter les matériaux de type Heusler Ni-Mn-X. Ces alliages présentent une phase austénite cubique bien connue se transformant en une phase martensite de symétrie moindre qui peut être modulée ou non lorsque la température décroît La transformation structurale peut également se produire en variant des paramètres tels que la pression ou le champ magnétique. Cette transformation est souvent dite athermique mais de nombreuses polémiques portent sur le côté isothermique de celle-ci. C'est une transformation displacive du premier ordre donnant lieu à de multiples propriétés. Une de ces familles de type Heusler, Ni-Mn-X (X=In, Sn et Sb) ont une phase martensite antiferromagnétique et une phase austénite ferromagnétique. Ces compositions présentent des propriétés fonctionnelles telles que l'effet mémoire de forme par application d'un champ magnétique ou d'une contrainte, l'effet magnétocalorique et barocalorique, la magnétorésistance la piezoresistance.... L'élaboration de films de type Heusler avec une composition appropriée fait l'objet de nombreuses recherches dans le monde en raison des nombreuses applications attendues. Cependant peu de résultats ont été obtenus sur les films de type Ni-Co-Mn-In.

Chapitre II : Outils d'élaboration et techniques de caractérisation

Dans ce chapitre nous allons développer la méthode d'élaboration des films utilisée durant cette thèse, à savoir la pulvérisation cathodique magnétron, ainsi que les différents moyens de caractérisation structurale, microstructurale et physique employées.

I)   Synthèse de film par pulvérisation cathodique

A) Généralités sur la pulvérisation cathodique

La technique de pulvérisation cathodique ou dépôt sous phase vapeur, plus couramment appelé PVD pour *Physical Vapor Deposition*, est une technique d'élaboration de films sous vide remarquée pour la première fois par W.R. Grove qui appela ce phénomène "désintégration cathodique". Grove utilisa une cathode de cuivre recouvert d'argent mais le vide atteint dans son bâti était faible et engendra une couche d'oxyde d'argent et non d'argent. A la fin du $19^{\text{ème}}$ siècle et au début du $20^{\text{ème}}$ siècle, les bases physiques permettant de mieux comprendre la pulvérisation cathodique conduisent à une utilisation plus intensive du procédé comme par exemple le dépôt d'un film métallique pour fabriquer des miroirs (1875) ou le dépôt d'un film d'or pour les phonographes. Alors que le premier transistor apparaît en 1948, la PVD a presque 100 ans. Le dépôt d'une couche mince par pulvérisation est devenu une part essentielle de la technologie de fabrication des circuits intégrés créant ainsi un marché colossal s'ouvrant aux marchés de l'automobile, de la chirurgie, des forets, mais également du design des produits de luxe pour n'en citer que quelques-uns.

Le principe de la PVD, Figure 2.26, est basé sur la transformation d'un matériau massif (la cible) en un plasma qui vient se déposer sur un substrat ; certains substrats pouvant se dissoudre afin de libérer le film. Pour cela, une décharge électrique luminescente est amorcée et auto-entretenue sous une pression réduite par l'application d'une différence de potentiel suffisante entre la cathode (la cible) et l'anode (souvent constituée des parois du réacteur). Des ions positifs sont alors générés au sein de la décharge et viennent percuter la cible et créer le plasma. La pression réduite est généralement inférieure à 0,1 mbar et le gaz est soit inerte (en général de l'argon) pour ne pas contaminer le dépôt, soit constitué d'oxygène pour élaborer un oxyde. Débitmètres et jauges de pression permettent de contrôler le débit et la pression de gaz pendant le dépôt. L'emploi de plusieurs cibles de pulvérisation indépendantes permet un meilleur ajustement de la stœchiométrie. Il est alors nécessaire d'appliquer une rotation du substrat pour assurer l'homogénéité du dépôt.

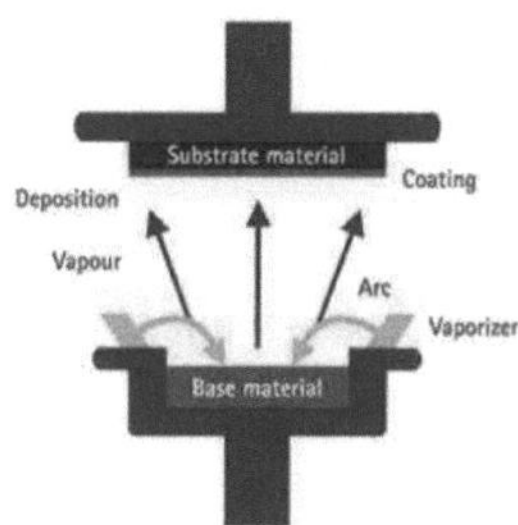

Figure 2.26: Schéma de principe de la pulvérisation cathodique

1) *La pulvérisation*

Dans un bâti PVD, lorsque la tension augmente, la décharge électrique luminescente devient anormale et conduit à un claquage. Au-delà de ce claquage se forme un arc électrique (E. Bergman, 2014). Les électrons ainsi accélérés vont ioniser les atomes d'argon par choc. Ces ions Ar^+ vont être attirés par l'électrode négative, donc vers la cible, dont ils vont expulser de la matière atomique sous l'effet de l'impact. Les cations Ar^+ percutant la cible peuvent aussi s'implanter, avoir une réflexion neutralisée par transfert de charges et éjecter des électrons qui entretiendront la décharge en ionisant d'autres atomes d'Ar lorsqu'ils seront accélérés vers l'anode (voir Figure 2.27). Un plasma stable contenant des ions (notamment Ar^+, mais éventuellement aussi des ions venant de la cible), des électrons et des atomes neutres (notamment ceux de la cible) est alors créée. Le taux de pulvérisation croît de façon sensiblement linéaire avec l'énergie de l'ion et est sensiblement inversement proportionnel à l'énergie de sublimation du matériau.

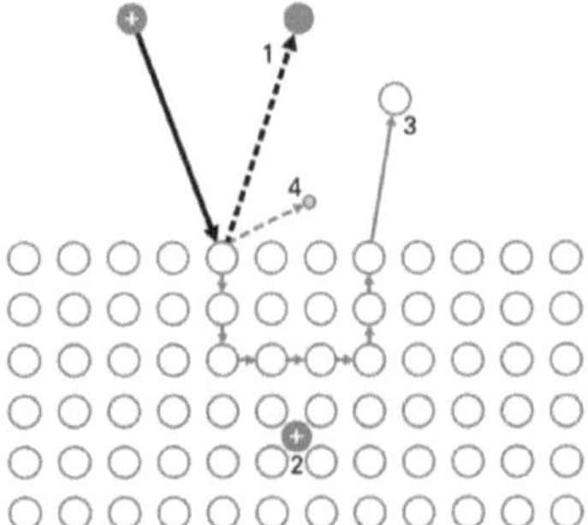

Figure 2.27 : Schéma, représentant l'effet de l'impact des ions Ar+ sur la cible (adaptée de (A. Perry, 2005)). Avec en 1 : une réflexion élastique de l'ion neutralisé, en 2 : un ion implanté, en 3 : la pulvérisation (expulsion d'un atome de la surface de la cible) et enfin en 4 : une émission électronique secondaire.

Les électrons accélérés durant cette décharge, parcourent une distance de l'ordre de leur libre parcours moyen. L'énergie cinétique acquise par les électrons est égale au travail dW de la force électrostatique :

Équation 2.3 :
$$dW = -edl$$

où dl est un élément de déplacement d'un électron de charge -e sous un champ électrique E. L'intégration du travail sur le libre parcours moyens nous donnera l'énergie moyenne acquise par les électrons. Pour la plupart des plasmas d'application industrielle l'énergie des électrons est de quelques eV (électronvolts). Les atomes de la cible pulvérisée transfèrent une partie de leur énergie lors de chocs. Le nombre de collisions est proportionnel à la distance parcourue par l'atome pulvérisé et à la pression de travail. Pour une décharge d'argon à 5.10^{-3} mbar, le libre parcours moyen des atomes pulvérisés est d'environ 1 cm, cette distance est bien entendu aussi fonction du numéro atomique de l'atome pulvérisé. La distance entre la cible et le substrat étant en général proche de 7 cm, la majeure partie des atomes pulvérisés perd l'essentiel de son énergie cinétique au cours des différentes collisions et atteint le substrat dans un état thermalisé, soit une énergie cinétique de l'ordre 0,1 eV. Différents champs électriques peuvent produire la décharge électrique, ils peuvent être :

-continus

    -de basses fréquences (de l'ordre du kHz)

    -de radiofréquences (de l'ordre du MHz)

    -de micro-ondes (de l'ordre du GHz)

Les réactions produites à l'intérieur d'un plasma ont donc pour origine l'accélération des électrons libres par le champ électrique continu ou alternatif de la décharge :

    -Ils accumulent alors de l'énergie cinétique entre deux chocs successifs avec les espèces lourdes, neutres ou ioniques du plasma.

    -Lorsque le milieu est encore faiblement ionisé, les collisions les plus fréquentes se produisent avec les espèces neutres.

Les électrons subissent deux types de collisions sur les espèces lourdes (atomes ou molécules neutres ou ionisés) :

    -les chocs élastiques leur donnent une distribution en vitesse isotrope. Au cours des chocs les électrons peuvent chauffer les espèces neutres en leur conférant une partie de leur énergie cinétique, tout en limitant leur propre échauffement.

    -les chocs inélastiques eux ont pour effet de :

        ♦Ioniser les espèces neutres, en engendrant de nouveaux électrons libres

        ♦Exciter les niveaux d'énergies des atomes, molécules ou ions

        ♦dissocier les molécules

En régime permanent, l'ionisation est exactement compensée par la recombinaison électron-ion qui a lieu en volume ou sur les parois (F. Bernard, 2015).

L'émission lumineuse observable lors de la décharge stable créée dans le bâti du réacteur à PVD est due aux chocs inélastiques provoquant une excitation des atomes. C'est le même phénomène que celui qui est à l'origine de l'éclairage électrique des lampes à décharges.

2) *L'effet magnétron*

Le procédé précédent montre deux problèmes principaux. D'une part le faible taux d'ionisation de la décharge conduit à de faibles vitesses de dépôt ($<0,1\ \mu m.h^{-1}$), et d'autre part la forte thermalisation des atomes pulvérisés depuis la cible entraîne l'élaboration de films poreux. L'utilisation d'un dispositif magnétron permet de s'affranchir de ces deux inconvénients. La valeur du champ magnétique dans les procédés de pulvérisation est typiquement comprise entre 200 et 500 gauss. Le système de magnétron est constitué de deux aimants concentriques de polarité inverse que l'on place derrière la cathode (et donc la cible), comme montré sur la Figure 2.28.

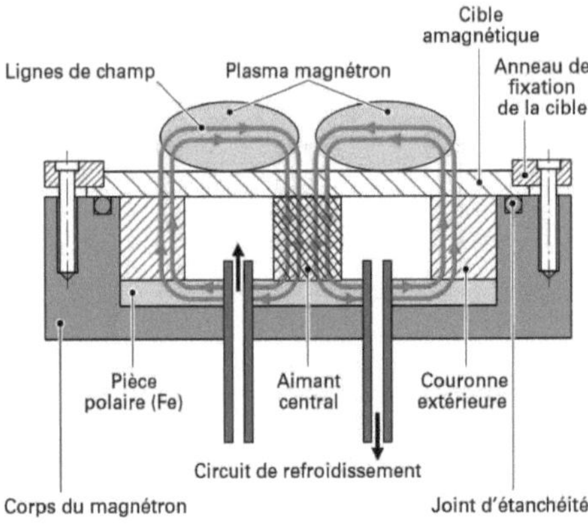

Figure 2.28: Schéma du fonctionnement d'un dispositif magnétron.

Les lignes de champ magnétique créées par les aimants, se referment au sein de la phase gazeuse, en piégeant les électrons secondaires, augmentant ainsi leurs possibilités de rencontrer un atome d'Ar pour une interaction ionisante. En effet, tout champ magnétique avec une composante $B_{//}$ parallèle à la surface de la cathode (ou cible), exercera sur un électron, possédant une vitesse v, une force vectorielle de valeur absolue F, appelée force de Lorenz, égale à :

Équation 2.4:
$$\vec{F} = -e * (\vec{V} \wedge \vec{B_{//}})$$

avec $-e$, la charge de l'électron.

Les particules chargées adoptent alors une trajectoire hélicoïdale qui s'enroule autour des lignes de champ.

La cible s'use alors de manière hétérogène en fonction des lignes de champ la traversant. Le courant de décharge est considérablement augmenté et il en va donc de même de la vitesse de dépôt qui peut passer de 0,1 à 10 μm.h^{-1}. L'utilisation du magnétron conduit également à une diminution sensible de la pression d'amorçage de la décharge aux alentours de 1.10^{-3} mbar, ce qui favorise la synthèse de couches plus denses. De même en attirant les électrons secondaires, l'effet magnétron permet de réduire le bombardement électronique du substrat, et par conséquent de diminuer son échauffement.

3) *Les interactions ions-atomes*

Au sein du plasma, les ions ont une énergie d'impact variant de quelques dizaines à quelques centaines d'électronvolts. La pulvérisation résulte alors du transfert de la quantité de mouvement de l'ion vers la cible. De manière générale, on distingue pour la pulvérisation trois régimes (voir Figure 2.29) :

-Régime de collision simple : l'énergie reçue par un atome de la cible est suffisante pour l'expulser mais pas pour entraîner une série de collisions. Ce mécanisme est le plus souvent rencontré lorsque les ions sont légers et faiblement énergétiques (<100eV, avec l'argon)

-Régime de cascade linéaire : l'énergie mise en jeu dans ce mécanisme est suffisamment élevée pour créer une série de collisions binaires pouvant entraîner l'éjection d'un atome si une collision a lieu près de la surface. C'est le cas lorsque les ions ont des énergies comprises entre 100 et 1 000 eV (avec l'argon)

-Régime de pointes : l'énergie des ions est cédée dans un volume réduit (cas des ions lourds). Il en résulte de nombreuses collisions et un nombre d'atomes en mouvement important et par conséquent un échauffement local.

Le régime idéal de dépôt est celui de cascade linéaire.

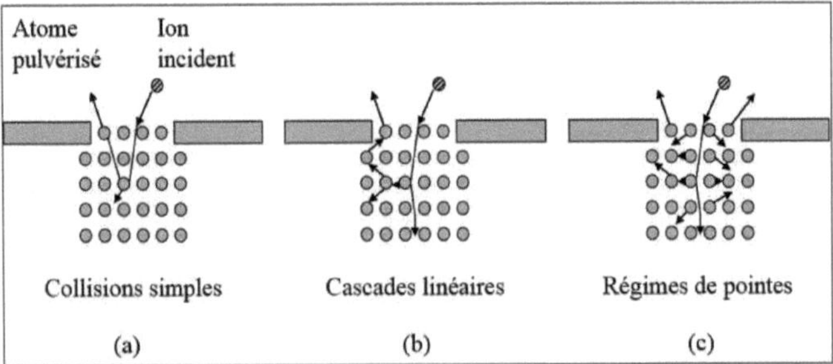

Figure 2.29 : Schéma représentant les trois types de régimes que l'on peut obtenir lors d'une collision élastique d'un ion Ar+ avec les atomes de la cible (R. Nouar, 2009).

4) *Le rendement de la pulvérisation*

Le rendement de la pulvérisation est défini comme le nombre moyen d'atomes éjectés par l'impact d'un ion. Il dépend de la nature (poids) et de l'énergie de l'ion ainsi que de la nature de la cible et de son état physico-chimique de surface (contamination), mais également de l'angle d'incidence des ions par rapport à la cible. Si l'énergie de l'ion incident est inférieure à un seuil, appelé seuil de pulvérisation qui est typiquement aux alentours de 20 eV pour l'argon, alors il n'y a pas de pulvérisation. L'éjection de chaque atome se fait suivant une distribution spatiale qui lui est propre. C'est ce paramètre et, dans une moindre mesure, la plus forte aptitude des atomes de faible masse à subir une diffusion par les atomes d'argon, qui conditionnent la composition et l'homogénéité chimique du film. Augmenter la distance entre la cible et le substrat, conduit à une augmentation de la composition moyenne de l'élément qui se disperse le moins (F. Sanchette, 1997), généralement celui qui possède la plus faible masse (A. Perry, 2005).

Lorsque les atomes sont pulvérisés, ils ont une énergie de quelques eV. On peut aussi noter, lors de la pulvérisation, le transfert de groupe d'atomes, de fraction de molécules ainsi que des ions positifs ou négatifs. La Figure 2.30 présente la fonction de distribution de l'énergie d'atome de cuivre (Cu) pulvérisés par des ions krypton (Kr^+) de 80 à 1 200 eV. On constate une augmentation du rendement de pulvérisation avec l'énergie cinétique des ions. En revanche l'énergie moyenne des atomes pulvérisés depuis la cible reste constante, proche de quelques électronvolts. On peut en conclure que l'augmentation du champ électrique et donc de l'énergie des ions Ar$^+$ a plus ou moins d'effet sur la médiane de l'énergie des atomes pulvérisés. Par conséquent, seule la vitesse de dépôt augmentera. En revanche on peut voir que la queue de la courbe de distribution augmente avec l'énergie des ions, preuve de l'existence d'un groupe d'atomes pulvérisés de hautes énergies. Ces atomes peuvent entraîner une re-pulvérisation du dépôt. Si cet effet peut être employé volontairement dans le but de nettoyer le dépôt (par exemple pour re-pulvériser des atomes d'oxygène dans un dépôt métallique), il peut entraîner une re-pulvérisation uniquement des atomes les plus faiblement liés et la stœchiométrie du film peut s'en trouver un peu altérée.

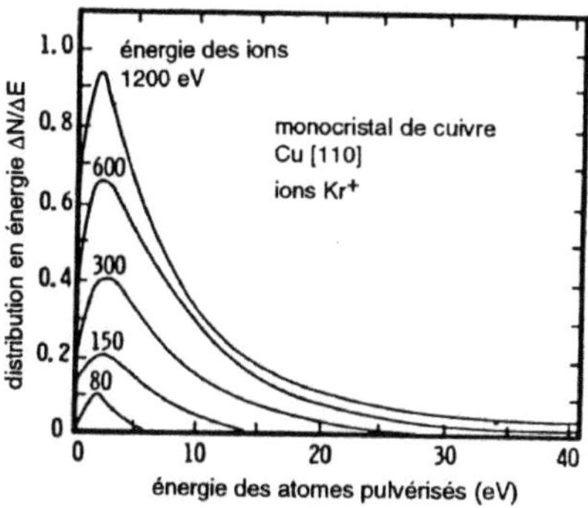

Figure 2.30: Distribution de l'énergie des atomes de Cu pulvérisés par des ions Kr+, d'énergie cinétique allant de 80 eV à 1200eV.

5) *Mécanisme de croissance*

Les atomes pulvérisés, de la cible, vont se recondenser au contact des parois ou du substrat. L'énergie de ces atomes peut varier en fonction de différentes conditions (notamment la pression). La nature de l'atome, celle du substrat et aussi et surtout l'état physico-chimique du substrat (oxydation, contamination, rugosité…) influeront sur le dépôt, de même que l'énergie des atomes pulvérisés. Les atomes arrivent à la surface d'un substrat, puis migrent un certain temps sur celle-ci, passant d'un site d'adsorption à un autre, jusqu'à rencontrer un autre atome migrateur et à nucléer ensemble pour former une paire stable. On appelle ce processus, le collage. Le coefficient de collage associé est la proportion d'atomes incidents qui est ainsi adsorbée. Le coefficient de collage étant spécifique à la nature de l'atome, la stœchiométrie du film peut s'en trouver modifiée. Les atomes peuvent également retourner dans la phase gazeuse par un processus de recombinaison de surface ou de rétrodiffusion, qui subvient respectivement lorsque l'atome se lie chimiquement à un atome ou un groupe d'atomes provenant de la surface pour former une molécule volatile ou lorsque l'atome subit une collision élastique sur la surface et retourne dans le plasma.

La morphologie du film déposé est fortement influencée par le début de sa croissance appelée nucléation. On distingue trois types de nucléation de films : i) la nucléation sous forme d'îlot appelée croissance de type Volmer-Weber, ii) la nucléation sous forme de monocouche appelée croissance Frank-Van der Merwe. Cependant, deux types de croissance Volmer-Weber peuvent être distingués, une nucléation strictement primaire, où tous les cristaux naissent à la surface et la taille moyenne des germes initiaux déterminent la morphologie en colonnes ou en fibres. La nucléation secondaire, où des germes peuvent nucléer sur d'autres germes (Stranski-Krastanov). Contrairement à la nucléation primaire, cette dernière peut produire une morphologie isotrope. Trois facteurs déterminent la croissance : la thermodynamique, le coefficient de diffusion et la vitesse de dépôt. Les différents types de croissance sont montrés sur la Figure 2.31.

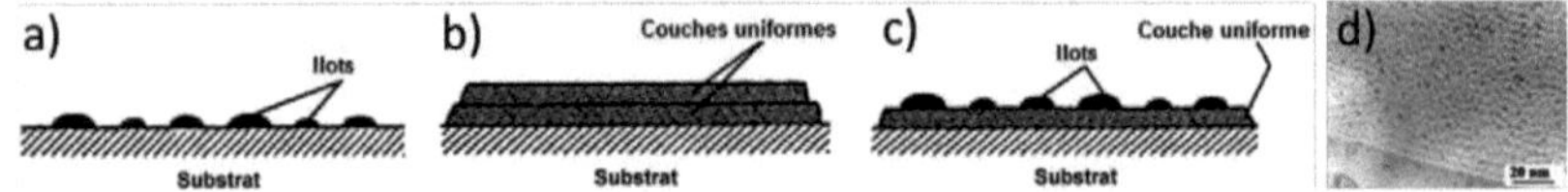

Figure 2.31: Schéma représentant divers types de croissance: a) Volmer-Weber, b) Frank-van der Merwe, c) Stranski-Krastanov et d) Volmer-Weber avec nucléation secondaire (E. Bergman, 2014).

La vitesse de dépôt peut varier typiquement de 0,06 à 6 μm.h^{-1}. Pour des vitesses supérieures à 0,3 μm.h^{-1}, une croissance avec une organisation en monocouches ne peut pas être envisagée. Dans le cadre de cette thèse les croissances sont de quelques μm.h^{-1}. L'état mécanique du substrat va jouer un rôle très important sur le dépôt, notamment, le dépôt reproduit fidèlement l'état de surface du substrat, avec une densité de défauts de croissance dite « anormale » augmentant avec la rugosité de la surface à traiter, comme le montre l'exemple d'une croissance anormale sur la Figure 2.32.

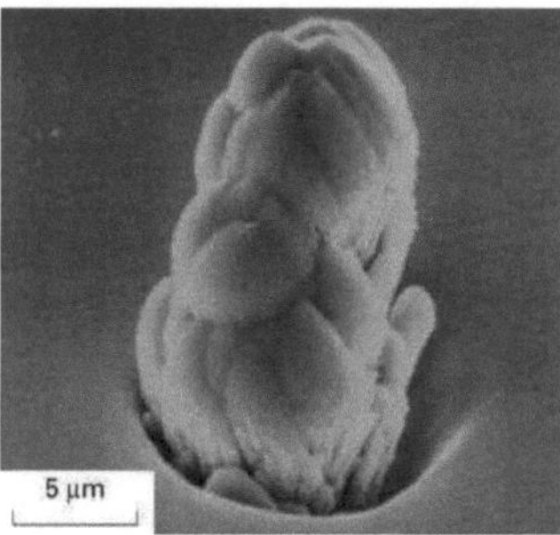

Figure 2.32: Croissance anormale suite à un défaut de surface du substrat (tiré de (A. Perry, 2005)).

On pourra également constater un effet important du type de revêtement sur certaines propriétés du dépôt, telle que les contraintes internes ou la dureté. Ainsi un revêtement colonnaire de même nature et de même composition qu'un revêtement compact, présentera une dureté moindre du fait de sa plus grande porosité.

B) Les différents bâtis PVD utilisés

Deux bâtis de pulvérisation cathodique magnétron ont permis de déposer les films étudiés durant cette thèse. L'un situé dans le bâtiment du CRETA et l'autre dans les bâtiments de Schneider Electric qui est un partenaire du projet ANR dans lequel s'insère ce travail de thèse.

1) *Bâti mono-cible*

Le bâti du CRETA est mono-cible. La distance cible substrat, de 6 cm est fixe. Le porte-substrat est une canne en acier inoxydable, dans laquelle un dispositif chauffant, réglable en puissance de l'extérieur est installé. Ce porte-substrat peut être chauffé jusqu'à une température de 800°C. On notera cependant que seule la cathode est munie d'un système de refroidissement et non le reste du bâti. Par conséquent, à 500°C le rayonnement induit par la canne chauffe l'ensemble du dispositif et le dépôt devient par conséquent critique. Ce porte-substrat n'est pas rotatif, ni refroidi. Une pompe secondaire permet d'accéder à un vide de 8.10^{-7} mbar et le débit d'argon est contrôlé par des débitmètres. Nous avons travaillé avec ce bâti avec des pressions d'argon variant de 5.10^{-3} mbar à $3\ 10^{-2}$ mbar. En deçà de la pression minimum le plasma est instable et au-delà de la pression maximale, le dépôt est trop fin. La première cathode utilisée était une cathode à aimant faible de type ONYX^{TM}-1STD d'Angstrom Sciences, Inc avec une puissance de pulvérisation maximale de 150 W en courant continu (DC) et une variation de la tension appliquée pouvant aller de 100 à 1 000 volts. En raison de la géométrie du bâti, la puissance maximale a été fixée à 20 W, induisant une tension proche de 500 V. La limite basse a été fixée à 6 W en deçà de laquelle le plasma est instable. Cette faible fenêtre de variation de la puissance rend difficile toutes les études concrète sur l'effet de la puissance sur les dépôts. En outre, les études ont montré que malgré la variation des différents paramètres, il était difficile d'obtenir un film avec la composition désirée. C'est pourquoi nous avons par la suite travaillé avec une nouvelle cathode à aimant fort, ONYX-2^{TM}, permettant d'obtenir une puissance plus élevée (jusqu'à 100W).

2) *Bâti multi-cibles pour co-pulvérisation*

Nous avons également fait des campagnes de dépôts en co-pulvérisation, en collaboration avec l'industriel Schneider Electric. Le bâti utilisé possède certaines caractéristiques bien différentes du bâti utilisé précédemment. Le substrat était maintenu au-dessus de la cible par des pincettes limitant les problèmes de particules déposées par gravité à la surface du substrat. Un sas sous vide permet l'introduction des substrats, tout en gardant un vide de haute qualité dans l'enceinte (inférieur à 10^{-7} mbar), et donc en limitant une désorption qui peut s'avérer très gênante. La distance cible-substrat est de 8 cm. Un système de conduite d'eau permet de garder le substrat à température ambiante pendant le dépôt. Le *design* des porte-substrats, permet de chauffer le substrat pendant le dépôt par rayonnement direct, sur sa face arrière. Le système de chauffe autorise la régulation de la température du substrat jusqu'à 800°C. Une rotation du substrat est possible afin d'homogénéiser la composition et l'épaisseur du dépôt. Le bâti est équipé de trois cathodes DC (pour Direct Curent) et trois cathodes RF (pour Radio Frequency) comme le montre la Figure 2.33. La puissance applicable peut varier de quelques watts en RF à plusieurs dizaines de watts en DC. Le flux d'argon, ainsi que la pression de travail, peuvent être contrôlés indépendamment, grâce à l'asservissement de l'ouverture d'une vanne située devant la pompe turbo-moléculaire. La plupart des dépôts ont été réalisés à une pression de 8.10^{-3} mbar. Un tel système permet de réaliser des multicouches ou encore de co-pulvériser plusieurs cibles. Il est très utilisé pour la recherche et développement dans le cadre de nombreux projets sur les couches minces chez l'industriel Schneider Electric.

Figure 2.33: Les deux bâtis à PVD utilisés. a): le bâti mono-cible du CRETA, où le plasma est visible à travers un hublot en quartz. b): Le bâti multi-cibles de Schneider Electric, avec ses 6 cathodes.

II)   Les méthodes et outils de caractérisations

A) Identification structurale par la diffraction aux rayons-X

Les rayons X sont des photons d'une longueur allant de 0,01 nm à 10 nm. Leurs énergies vont de quelques eV (électronvolt) à plusieurs dizaines de MeV. Ce rayonnement ionisant est très dangereux pour la santé. Différents types de diffractomètres ont été utilisés au cours de cette thèse avec l'aide d'O.Leynaud et d'E. Mossang.

Les rayons-X ont été découverts par W. Röntgen, récompensé d'un prix Nobel car sa découverte a été un des éléments essentiel de l'essor de la physique du XXème siècle. Les rayons-X peuvent pénétrer la matière et interagir avec des structures d'un ordre de grandeur proche de sa longueur d'onde. Lorsque l'onde interfère avec un réseau ordonné, donc une structure cristallisée, dont les distances interatomiques sont du même ordre de grandeur que le photon X, alors il y aura une diffraction ordonnée selon la loi de Bragg :

Équation 2.5
$$2 * d_{hkl}\,sin(\theta) = n * \lambda$$

Avec d_{hkl}, la distance inter-réticulaire entre les plans (hkl), θ l'angle de Bragg (l'angle entre le faisceau incident et le plan de l'échantillon, voir Figure 2.34) et n l'ordre de la diffraction λ (λ étant la longueur d'onde du faisceau incident). Si la structure est cristallisée, les plans atomiques diffracteront, pour des angles particuliers, symétriques de la source par rapport à la normale au plan du film, comme montré sur la Figure 2.34. En pratique on utilise soit une source polychromatique et un échantillon fixe (méthode de Laue), soit une source monochromatique et un montage appelé goniomètre permettant de déplacer l'échantillon pour des angles θ allant de 0° à 180°. La somme des diffractions mesurées constitue un diagramme. Différents goniomètres ont pu être utilisés durant cette thèse, avec des sources à anticathode de différents éléments tels que le cobalt ou l'argent, mais le diffractomètre principal a une source à base de cuivre, et tous les diagrammes sont enregistrés avec les rayons-X $\lambda_{K\alpha(Cu)}$ du cuivre, ou convertis. Le rayonnement $\lambda_{K\alpha(Cu)}$ est composé de deux raies : $K\alpha1$ et $K\alpha2$, qui possèdent respectivement une longueur d'onde de 1,5406 et 1,5412 Å.

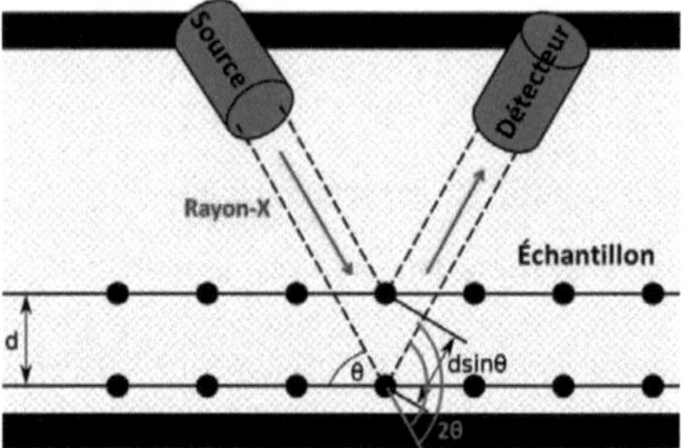

Figure 2.34: Schéma représentant la diffraction de Bragg-Brentano et sa géométrie. L'avantage de cette géométrie est l'utilisation d'une source divergente afin d'avoir plus d'intensité, la mesure est affinée en déplaçant le détecteur de manière symétrique à la source par rapport à la normale du film.

Ce montage permet la diffraction des plans réticulaires parallèles à la surface uniquement. Dans le cas d'une poudre ou d'un échantillon polycristallin, toutes les orientations sont présentes et donc diffractées. En revanche si l'échantillon est monocristallin ou orienté, toutes les raies n'apparaîtront pas sur le diagramme, à moins d'appliquer une rotation à l'échantillon. En effet lors du dépôt d'un échantillon sur un substrat monocristallin, il peut y avoir une orientation uniaxiale ou biaxiale Figure 2.35.

Les diagrammes ont été réalisés de 20 à 120° avec un pas de 0,02° et un temps de pose de 5 secondes. Une rotation de l'échantillon de 30 tours par minute a été appliquée.

Si le diagramme montre toutes les raies, avec des intensités proportionnelles à celles des fiches PDF (Powder Diffraction Files) du comité ICDD (International Center for Diffraction

Data) alors l'échantillon est vraiment polycristallin. Si les différents pics de diffraction apparaissent avec une modification des intensités relatives de chaque famille de plans, alors les grains du film possèdent une orientation préférentielle. Enfin si les grains possèdent une unique orientation hors du plan, alors il est nécessaire d'utiliser un diffractomètre texture pour obtenir les figures de pôles des échantillons et comprendre sa texture. Pour cela on utilise un goniomètre quatre cercles, appelé ainsi puisqu'il peut orienter l'échantillon dans toutes les directions de l'espace (ω, Φ et ψ) suivant trois axes de rotation, auxquels s'ajoute la position du détecteur (θ). Il y a donc quatre axes motorisés (voir Figure 2.36). Φ permet une rotation de l'échantillon sur lui-même, alors que ω et ψ permettent d'incliner l'échantillon suivant l'axe vertical et horizontal respectivement. Les projections stéréographiques des orientations possibles sont représentées sur une figure appelée figure de pôles.

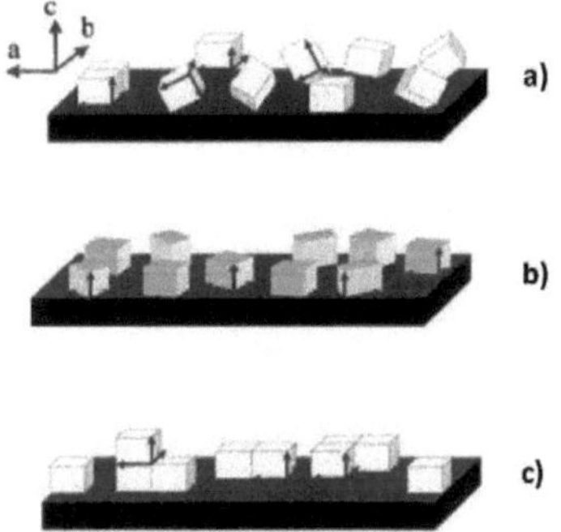

Figure 2.35: Schéma représentant les différents alignements possibles des grains: a: pas de texture: les grains sont aléatoirement orientés, b: Texture uniaxiale hors plan: les grains sont aléatoirement orientés dans le plan mais alignés dans la direction perpendiculaire au plan, c : Texture biaxiale : les grains sont orientés dans et hors du plan.

La figure de pôles permet de représenter les orientations dans l'espace et dans le cas d'un monocristal toutes les diffractions possibles sont identifiées car les rotations d'angles ψ et Φ permettent le spectre 3D du cristal. Ainsi pour chaque pic en 2θ du diagramme polycristallin, une figure de pôles, montrera un point d'intensité pour des angles Φ et ψ donnés et leurs symétriques. De même si l'échantillon à une orientation préférentielle de type texture uniaxiale, alors le pic 2θ montrera un cercle à l'angle ψ tout le long des 360° de l'angle Φ (voir Figure 2.37).

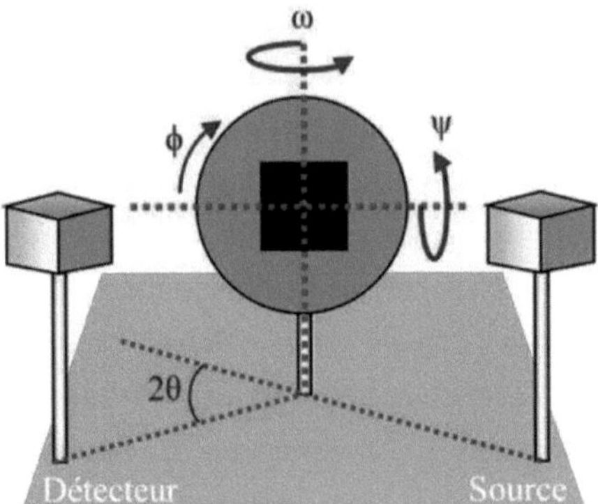

Figure 2.36: *Schéma représentant le diffractomètre texture avec son goniomètre quatre cercles et les quatre angles de déplacement ainsi permis.*

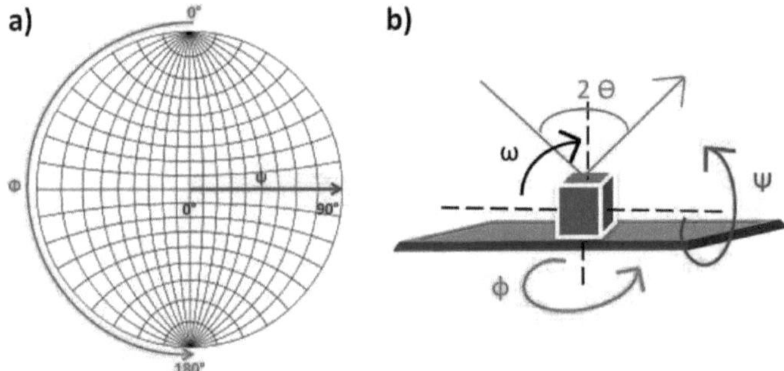

Figure 2.37: *a) abaque de Wulff sur lequel sera représentée la figure de pôles de l'échantillon, b) Schéma descriptif des déplacements alors subis par l'échantillon (représenté par un cube violet), suivant les différents angles.*

B) La microscopie électronique à balayage (MEB)

1) *Principe de fonctionnement*

La microscopie (ou microscope) électronique à balayage (MEB) permet d'obtenir des images monochromes de divers éléments. L'instrument a été créé dans les années 1930 par les allemands M. Knoll et M. von Ardenne. Puis il fut développé dans les années 1960 par l'anglais C. Oatley de l'université de Cambridge. La résolution de l'imagerie peut atteindre environ 10 nm. Le MEB balaie la surface d'un échantillon, sous vide secondaire, avec un faisceau d'électrons dits primaires qui interagissent avec l'échantillon en émettant divers types d'électrons, qui sont principalement:

_électrons secondaires : d'énergie assez faible, (50 eV), ils sont émis près de la surface (~10 nm). Ils permettent principalement une vue topographique de l'échantillon. Ces électrons sont observés en mode dit SE2.

_électrons rétrodiffusés : d'assez haute énergie (~30 keV). Ils sont très sensibles au numéro atomique de l'atome, permettant de mesurer l'homogénéité chimique d'un échantillon. Généralement une zone plus claire indique une phase avec un numéro atomique plus élevé. Ils sont observés en mode ESB (Electron Back Scattering). Un autres mode, appelé InLens, permet de détecter à la fois les électrons secondaires et ceux rétrodiffusés, couplant les deux visions précédentes.

Il existe également une émission photonique X lorsque les électrons primaires, de hautes énergies (15 à 20 kV) ionisent des atomes. Ces rayons X permettent de caractériser la nature chimique des atomes par EDX (*Energy dispersive X-ray*). Cette mesure ne permet pas une quantification absolument précise de la stœchiométrie de l'échantillon (incertitude absolue de trois pourcents), mais permet de connaitre la stœchiométrie relative de ceux-ci (incertitude relative égale ou inférieur à 0,5%) et donc de connaître l'évolution de la composition en fonction du processus d'élaboration. Les atomes légers (oxygène, carbone etc...) sont difficilement quantifiables par cette méthode, cependant, l'utilisation d'une faible puissance permet de montrer une tendance. La microscopie de Castaing, également utilisée durant cette thèse, est spécialement dédiée aux analyses EDX. Les acquisitions en EDX sont réalisées sans standard, avec des puissances du faisceau variant de 15, 17 et 20 kV. Pour chaque puissance, trois mesures sont effectuées à différents grandissements, afin de vérifier l'homogénéité du film. Une acquisition dure environs trois minutes.

L'utilisation d'un faisceau d'électrons induit une ionisation des atomes. Par conséquent si l'échantillon analysé n'est pas suffisamment conducteur ou est isolé de son support, des effets de charge apparaitront, diminuant la résolution du MEB. Les films ont été étudiés en les collant sur un plot métallique avec du scotch-carbone conducteur électrique. Dans certains cas, des films libérés ont été collés à la laque argent. L'étude des tranches des dépôts a été réalisée en maintenant ceux-ci dans un mini étau constitué d'un ressort.

2) Identification de l'orientation avec un EBSD

La diffraction d'électrons rétrodiffusés créés par le faisceau d'électrons primaire du MEB permet d'analyser l'orientation d'un échantillon par la méthode de l'EBSD (pour Electron BackScatter Diffraction). Ce détecteur est constitué d'au moins un écran phosphorescent, un objectif compact et une caméra CCD à faible lumière. Ces électrons sont diffractés de manière incohérente mais pas inélastique. Ils vont donc suivre la loi de Bragg grâce à la dualité onde-particule de l'électron. Une structure donnée conduira donc à une diffraction particulière. Cette diffraction est représentée sous forme de bandes appelées lignes ou bandes de Kikuchi (voir Figure 2.38). La diffraction ainsi obtenue permet d'étudier la texture mais également les défauts, les joints de grains et de vérifier l'identification d'une phase.

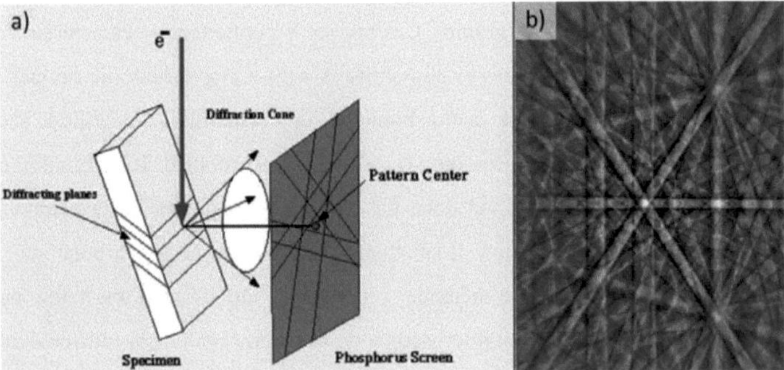

Figure 2.38: Principe de l'EBSD. a): à l'intérieur du MEB, le faisceau incident (e⁻) vient balayer l'échantillon (specimen) avec un angle de 70°. Les électrons sont rétrodiffusés de manière ordonnée, suivant la loi de Bragg, par la structure cristalline de l'échantillon (diffracting planes). Ils suivent alors une direction particulière (Diffraction Cone) et forment alors, suivant la projection stéréographique de l'orientation du cristal, les bandes de Kikuchi, sur l'écran (Phosphorus Screen) que l'on voit en b). Images tirées d'Oxford Instrument.

Ainsi l'épaisseur et l'agencement de ces bandes (position et angles entre elles) nous permet de connaître l'orientation exacte du cristal grâce à l'étude des projections stéréographiques (modèle géométrique représentant différentes directions d'un cristal sur un cercle). Pour effectuer cette mesure, l'échantillon doit être le plus plat possible pour pouvoir connaître l'angle que fait celui-ci avec le détecteur. Nos échantillons ne sont pas polis car ils sont trop fragiles mais ils sont tout de même suffisamment plats, notamment au centre des grains. En revanche les joints de grains forment un affaissement qui pourra perturber les mesures.

L'échantillon est incliné de 70° par rapport au faisceau incident du MEB, afin de faire face à l'écran de détection, qui est rapproché à quelques millimètres de l'échantillon (voir Figure 2.38).

La principale difficulté de cette méthode, dans le cas de notre étude, réside dans la nécessité de connaître la structure du cristal diffractant. En effet le logiciel « tango » utilisé ne permet pas d'identifier la structure depuis les lignes de Kikuchi diffractées mais uniquement de connaître l'orientation du cristal si l'on connaît sa structure. L'austénite peut se trouver sous forme cristalline et donc sa structure est facilement identifiable depuis les diagrammes à rayons X mais également les nombreuse données de la littérature. La phase martensitique est beaucoup plus difficilement identifiable, car elle se trouve difficilement sous forme monocristalline et possède des modulations de structure plus ou moins complexes. Par conséquent, la littérature donne de multiples versions de martensite 10M et 14M. De plus, peu de ces pics apparaissent sur les diagrammes en rayons X, car sa structure est de symétrie moindre que celle de l'austénite.

L'obtention d'une image de 10 000 μm² avec une résolution de 0,25 μm² dure une vingtaine de minutes. L'acquisition est ciblée sur une zone peu maclée afin d'imager préférentiellement de l'austénite.

C) Imagerie microstructurale et magnétique par AFM

En 1981, G. Binnig (Allemagne) et H. Rohrer (IBM, Suisse) (Prix Nobel 1986) conçoivent le microscope à effet tunnel (STM pour Scanning Tunneling Microscope).

 Une pointe métallique conductrice de dimension monoatomique se déplace à une distance de ~1nm, au-dessus d'un échantillon conducteur d'électricité. Les nuages électroniques de la pointe et de la surface se mélangent. L'application d'une tension de ~1 V permet le passage par effet tunnel des électrons et d'un courant électrique, courant tunnel (~1 nA) d'autant plus intense que la distance est petite. Ce microscope permet de connaître atome par atome, la topographie d'une surface en conservant une intensité constante du courant et donc une distance constante entre la pointe et l'échantillon. Il appartient à la catégorie des microscopes à champ proche (J. Bortoluzzi et M.P. Bassez, 2010).

Cette technique a connu un engouement rapide surtout en 1986 lorsqu'est apparu le microscope à force atomique (AFM, Atomic Force Microscopy), une méthode dérivée du STM. Il permet d'étudier les surfaces non conductrices de courant à l'aide d'une microscopie de force mesurant les forces d'interaction entre la pointe et la surface de l'échantillon. La détection du relief est obtenue à l'aide d'un rayon laser réfléchi sur le levier qui supporte la pointe. De plus cette mesure peut se faire sous vide, sous air ambiant, dans une phase liquide, en chauffant (il faut alors faire attention à l'agitation thermique), en refroidissant, en appliquant un champ ou une contrainte sur l'échantillon mesuré. Nous avons utilisé le NT-MDT, avec l'aide de S. Le-Denmat et d'O.Fruchart durant cette thèse.

Un tel système requiert des déplacements extrêmement fins. Ceux-ci sont assurés par des céramiques piézoélectriques. Sous l'effet d'une différence de potentiel, une telle céramique se déforme en se dilatant ou en se contractant de façon proportionnelle à la tension appliquée. On peut ainsi obtenir des déplacements allant de quelques angströms à quelques microns pour des tensions appliquées allant de quelques dixièmes de millivolts à quelques volts. Différentes forces d'interaction sont possibles entre la sonde et la surface de l'échantillon telles que les forces de répulsion ionique, les forces de Van der Waals, les forces électrostatiques ou encore magnétiques (notamment pour le MFM : Magnetic Force Microscopie). Dans le cadre de cette thèse, la pointe utilisée est en silicium, fixée à l'extrémité d'un micro-levier de constante de raideur k. Lorsque la pointe est approchée d'une surface, les forces d'interactions provoquent la déflexion du micro-levier. Cette déviation est enregistrée par un système de détection optique, grâce au déplacement de la réflexion que fait un faisceau laser sur une partie réfléchissante du micro-levier (voir Figure 2.39). L'acquisition de cette déviation est ensuite mesurée grâce au système de détection constitué de photodiodes.

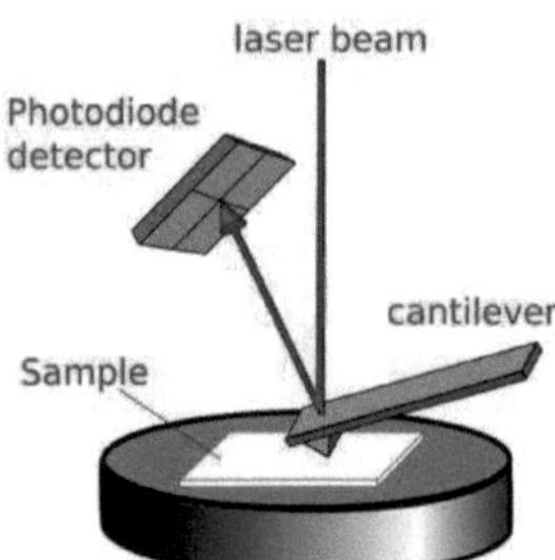

Figure 2.39: principe de fonctionnement de l'AFM, avec le rayon laser (laser beam), le micro-levier (cantilever), l'échantillon (sample) et le détecteur à photodiodes (photodiode detector). Image venane de freesbi.ch.

Comme mentionné précédemment, il existe plusieurs modes d'utilisation de l'AFM. Quatre principaux modes peuvent être distingués :

_Dans le mode contact, le levier muni de la pointe détectrice appuie sur l'échantillon en analyse. Une force répulsive entre la surface et la pointe se crée car il y a répulsion des électrons de l'échantillon et de la pointe. Dans ce cas, la topographie est mesurée soit par la déflexion de la pointe, soit par la mesure du signal retour variant la distance pointe-échantillon afin de la garder constante.

_Dans le mode semi-contact ou « tapping », le micro-levier subit une oscillation soit à sa fréquence de résonance (modulation de fréquence) ou juste au-dessus (modulation d'amplitude). L'amplitude d'oscillation est importante, typiquement de 100 à 200 nm mais supérieure à 10 nm. Les forces de Van der Waals, fortes entre 1 nm et 10 nm au-dessus de la surface (ou toutes autres forces qui interagissent à ces échelles) vont alors tendre à diminuer la fréquence de résonance, lorsque la pointe interagira avec la surface. La topographie peut être mesurée en gardant la fréquence constante et en ajustant la distance pointe-échantillon. Au contraire, pour l'imagerie de phase, c'est le déphasage entre l'oscillation libre du micro-levier et l'oscillation réelle avec la surface, qui est mesurée.

_Dans le mode non contact ou résonant, la distance pointe-échantillon est supérieure à 10 nm. Le micro-levier ne touche pas l'échantillon, il est gardé à une hauteur constante et subit une oscillation proche de sa fréquence de résonance. L'amplitude d'oscillation varie de quelques nanomètres (<10nm) à quelques picomètres. Encore une fois deux modes existent. Soit la fréquence est maintenue constante et on régule dans ce cas l'amplitude. Soit à l'inverse on régule la fréquence. Ce mode est préféré pour des images de biologie car il requiert une force de moindre importance lors de la mesure, et est donc moins destructif sur des échantillons très sensibles.

_Dans le mode MFM (Magnétic Force Microscopy), un dépôt d'éléments magnétiques, dans notre cas quelques dizaines de nanomètres de Co-Cr, est appliqué sur la pointe en silicium, que l'on aimante juste avant l'acquisition. On utilise ensuite le mode non-contact avec une distance pointe-échantillon supérieure à 50 nm qui ne permet pas les interactions de Van der Waals pour acquérir uniquement les interactions magnétiques. La cartographie montre la variation de l'aimantation suivant z et donc les domaines magnétiques. Cependant la comparaison avec une image en mode tapping est nécessaire pour s'assurer qu'aucun artefact n'est observé.

En effet, les images acquises par AFM doivent être prises avec beaucoup de précautions puisque de multiples artefacts peuvent avoir lieu. La zone de scan est relativement petite

(90 µm² maximum pour le NT-MDT). De multiples phénomènes de dérive peuvent apparaître et proviennent des problèmes de résonance ou des variations trop importantes de la topographie qui imposeraient une réponse et une course du moteur piézoélectrique trop importante. De même le rapport entre la finesse de la pointe utilisée et la taille des défauts que l'on veut observer est très important.

Pour nos mesures, les images ont toutes été réalisées avec une pointe magnétique. Pour différencier les acquisitions, respectivement structurale (AFM) ou magnétiques (MFM), le mode tapping (imagerie de phase) ou le mode non-contact (z>50 nm) ont été utilisés. L'échantillon est collé à la laque argent sur un plot de molybdène.

Une bobine magnétique, placée en dessous du scanneur AFM amovible, permet de faire des acquisitions sous un champ magnétique in-situ de 2 T, appliqué suivant la normale de la surface de la couche. Nous avons également étudié l'évolution de l'état magnétique d'un échantillon après refroidissement sous vide secondaire ou après application d'un champ magnétique ex-situ de 4 ou 7 T. Ce dernier a été appliqué dans le plan de la couche.

D) Mesure des propriétés magnétiques

L'ensemble des couches élaborées ont été caractérisées au pôle magnétomètrie de l'Institut Néel. Ce pôle gère divers dispositifs expérimentaux permettant des caractérisations magnétiques dont le SQUID (Superconducting Quantum Interference Device) et le VSM-SQUID (VSM pour Vibrating Sample Magnetometer) avec lequel certains films ont été testés sous pression par exemple.

1) *Description du SQUID et du VSM-SQUID*

Le Magnétomètre à SQUID aussi appelé MPMS (*Magnetic Property Measurement System*) est géré principalement par E. Eyraud de l'Institut Néel. Cet instrument possède une résolution de 5.10^{-11} A.m² (soit 5.10^{-8} emu) sur une plage de température variant de 1,7 à 400 K, et pour des champs magnétiques de 5 à - 5 T.

Le SQUID est basé sur l'effet Josephson, compris et expliqué par le physicien britannique B.D. Josephson en 1962 et qui a reçu le prix Nobel en 1973 pour ces même travaux. Très peu de temps après (dans les années 1964-1965) des scientifiques américains développèrent le magnétomètre à SQUID.

L'échantillon se déplace au travers de boucles supraconductrices de détection, il induit alors une variation de flux et donc un courant induit I proportionnel à son aimantation. Ce système de variation analogique du courant, peut être calibré à partir d'un échantillon témoin dont la masse et la susceptibilité magnétique sont connue (M. McElfresh, 1994). Quatre boucles sont placées consécutivement de façon à annuler les variations uniformes de flux externe (dues notamment aux bobines créant le champ magnétique intense). Pour ce faire, les boucles du haut et du bas sont enroulées dans un sens et les deux du milieu dans le sens inverse. L'échantillon est déplacé dans la direction verticale, la même direction que celle du champ magnétique appliqué. Ainsi seul le champ magnétique de l'échantillon est mesuré lors de son déplacement le long de ces quatre boucles. Puis le courant passe au travers d'un anneau supraconducteur traversé par deux petites tranches isolantes (basé sur l'effet Josephson) qui quantifie la variation de flux observé dans ces boucles. Un bouclier magnétique permet d'avoir à l'intérieur des boucles un champ magnétique très faible mais surtout extrêmement stable.

Un autre système de MPMS a été utilisé au cours de cette thèse. C'est un SQUID-VSM (Vibrating Sample Magnetometer). Il est géré principalement par D. Dufeu (du pôle ingénierie expérimentale de l'Institut Néel. Comme le SQUID, ce magnétomètre possède également une résolution de 5.10^{-11} A.m² (soit 5.10^{-8} emu). Cette précision est possible sur la fenêtre de température de 1,8 à 400 K, et sous un champ magnétique qui peut varier de 7 à -7 T. Un porte-échantillon chauffant peut être ajouté afin de faire varier la température de 300 à 800 K pendant les mesures magnétiques.

Le VSM détecte l'aimantation M d'un échantillon en appliquant une vibration mécanique périodique (par un moteur ou un actionneur piézoélectrique) sur celui-ci à l'intérieur d'une bobine de détection ou d'une bobine de SQUID.

2) Préparation de l'échantillon pour mesure

L'échantillon enrobé de cellophane est introduit dans une paille, parallèlement à la longueur de celle-ci afin d'éviter tout effet de champ démagnétisant. Il est possible de mesurer des effets externes de type paramagnétiques ou diamagnétiques liés à la préparation de l'échantillon et dont il faut s'affranchir au maximum. Les volumes de matériaux paramagnétiques ou diamagnétiques doivent donc être les plus faibles possibles pour éviter de perturber le signal des échantillons mesurés.

La mesure de l'aimantation du substrat de MgO sur lequel aucun dépôt n'a été effectué montre que la valeur atteinte est négligeable en comparaison de l'aimantation des films. Le MgO, la paille porte-échantillon et le papier cellophane sont donc considérés comme transparents magnétiquement.

En utilisant le VSM-Squid, les mesures au-delà de 400K ont été réalisées depuis un support rigide chauffant, sur lequel l'échantillon a été collé avec de la colle d'alumine et maintenu avec un papier en cuivre très fin (voir Figure 2.40). Les effets paramagnétiques ou diamagnétiques sont alors également supposés négligeables.

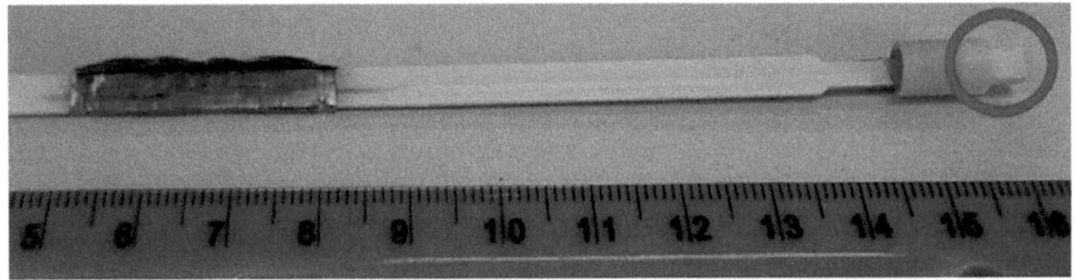

Figure 2.40: Porte échantillon de SQUID chauffant de 300 à 800 K. L'échantillon est enrobé dans le film de cuivre. La connexion permettant de réguler en température est entourée en rouge.

3) *Mesures magnétiques sous pression isostatique*

Afin de mesurer l'effet de la pression sur la transition structurale, des mesures ont été réalisées à l'aide d'une cellule de pression fournie par Quantum Design qui peut s'insérer dans le MPMS. Celle-ci est constituée d'un corps et de composants essentiellement en cuivre béryllium (BeCu) et céramique qui permet d'appliquer une pression isostatique pouvant atteindre 1,25 GPa (1,0 GPa à 7 K) (voir Figure 2.41). Un système de viroles et de joints permet d'éviter les fuites même à basse pression sur le liquide transmettant la pression. La pression est mesurée par l'intermédiaire d'un morceau de plomb dont on connaît le déplacement de la température critique de transition supraconductrice sous pression. (Tc=7,193 K à pression nulle). On peut alors déterminer la pression P appliquée dans la cellule à l'aide de la formule empirique suivante :

Équation 2.6: $$\frac{dT_c}{dP}(K.GPa^{-1}) = -0,379\ (K.GPa^{-1})$$

La mise en place de l'échantillon dans la cellule est délicate et nécessite de respecter scrupuleusement la procédure fournie par Quantum Design.

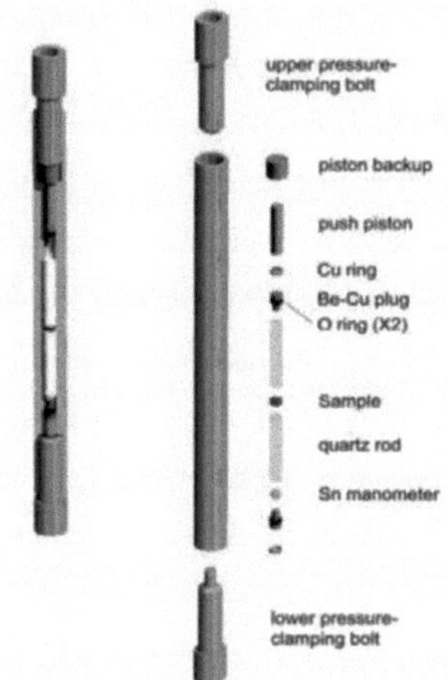

Figure 2.41: Cellule de pression en CuBe fournie par Quantum Design pour mesurer l'effet de la pression avec un MPMS.

E) Mesure de la résistivité

Nous avons également effectué des mesures de la résistivité en fonction de la température afin d'étudier la transformation structurale des films élaborés. En effet les différentes phases, austénite et martensite ont des conductivités électriques différentes qui permettent la détermination des températures de transformation As, Af, Ms et Mf. La méthode dite des quatre pointes a été utilisée soit à l'aide de la pince quatre pointes (Figure 2.42) lorsque les mesures sont réalisées sur film non libéré (dépôt sur un substrat rigide), soit à l'aide de fils souples de cuivre connectés au film à la laque d'argent. Un courant I de 100 µA à 10 mA est alors injecté entre les deux contacts les plus éloignés et la résistance est calculée par mesure de la tension V des deux contacts situés au centre du film. Afin de s'affranchir des tensions thermoélectriques dépendantes du sens du courant, les tensions sont mesurées pour des courants positifs et négatifs. L'échantillon est refroidi jusqu'à 77 K par une circulation d'azote liquide (5 sur la Figure 2.42) dans un cryostat sous vide. Le porte-échantillon peut également être chauffé jusqu'à une température de 400 K. Un thermomètre constitué d'une résistance de platine est placé à proximité de l'échantillon pour limiter les erreurs de mesure.

La résistivité est ensuite déterminée par la formule suivante : $V/I = K\rho/e$

où I est l'intensité du courant appliqué (A), V la tension collectée (V), e l'épaisseur de la couche mince (cm) et K un coefficient sans dimension caractéristique de la géométrie 2D (forme des contours, position des contacts). Le coefficient K est calculé en fonction des paramètres de la tête 4 pointes et de la dimension de l'échantillon. Ce coefficient K peut être calculé analytiquement dans quelques cas particuliers très simples, par exemple pour 4 pointes alignées équidistantes sur une couche sans limite (infinie) : $K = \log(2)/\pi$.

Un second système, le PPMS (Physical Properties Measurement System) de Quantum Design, nous a permis, également à l'aide de la méthode quatre pointes, d'analyser la variation de la résistance en fonction de la température (10 K - 400 K) sous champs magnétiques variables de -9 à 9 T. Dans ce cas, quatre fils de cuivre fins ont été connectés à l'aide de laque d'argent, sur le film libéré.

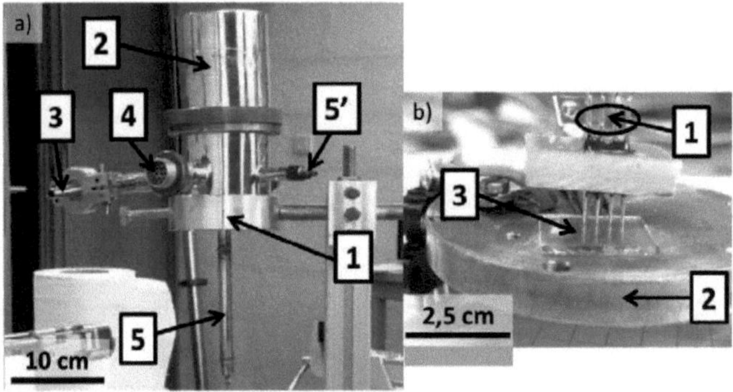

Figure 2.42: Cryostat permettant des mesures de résistivité en fonction de la température (77 K-400 K) par la méthode 4 pointes. Avec en a): 1: le support, 2: l'enceinte sous vide primaire, 3: circuit pompage, 4 connexion Jaeger pour acquisition de données et régulation de la température, 5 et 5' entrée et sortie du gaz réfrigérant (généralement de l'azote). Et en b), Porte échantillon: 1: les 4 pointes de contact, 2 : support en cuivre chauffant, 3 échantillon maintenu avec de la graisse Apiézon.

F) Contraintes engendrées lors du dépôt

Le processus de dépôt par pulvérisation cathodique engendre des contraintes résiduelles au sein du film. L'état total des contraintes entre la couche et le substrat dépend de la contamination du film par des impuretés, de la présence de défauts (lacunes, dislocations, etc.) ainsi que de la différence entre les coefficients de dilatation thermique du film et du substrat. Les contraintes sont de nature soit extensive (le film s'enroule autour du substrat), soit compressive (le substrat s'enroule autour du film) comme montrées sur la Figure 2.43.

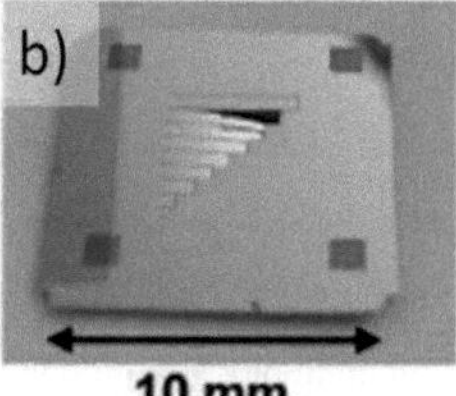

Figure 2.43: Effet des deux types de contraintes sur les poutres de silicium. Soit le film déposé est en compression a), soit il est en tension b).

Des supports constitués de 6 poutres de silicium de ~10 μm d'épaisseur, de 0,5 mm de largeur et de longueur variant de 1 à 4 mm, ont été fournis par le laboratoire FEMTO-ST partenaire du projet ANR. A partir de la mesure du rayon de courbure du système film-poutre de silicium, il a été possible de remonter à la valeur de la contrainte du film σ_f en appliquant un modèle modifié de Stoney (Röll, 1976) :

Équation 2.7:
$$\sigma_f = \frac{E_S e_S^2 \delta_m}{3(1-\upsilon)e_f L^2}\left(1 + 4\frac{E_f e_f}{E_S e_S} + \epsilon(0)\right)$$

où E_S, E_f, e_S et e_f sont respectivement les modules d'Young et les épaisseurs du substrat (s) et du film (f). L, δ_m et υ sont respectivement la longueur, la déflexion et le coefficient de Poisson des poutres en silicium.

L'utilisation de ces poutres est alors un bon indicateur du type de contraintes (tension ou compression) et de l'intensité de celles-ci.

III)   Conclusion

Dans ce chapitre sont décrit les moyens d'élaboration de couches minces de type Ni-Co-Mn-In et les moyens de caractérisation structurale, microstructurale et physiques utilisés au cours de ce travail.

Deux bâtis de pulvérisation cathodique ont été utilisés. Le premier, monocible, a permis d'étudier les différents paramètres de dépôt ayant une influence sur la composition et la microstructure. Le second, multicible, a été indispensable pour arriver à élaborer un film avec la composition désirée et nécessaire pour obtenir la transformation magnétothermique à la température ambiante.

Nous avons également présenté dans ce chapitre un large panel de moyens de caractérisation nécessaires à la compréhension des couplages magnétiques, mécaniques et thermiques présentés par ces couches minces. Il est à noter d'ailleurs que certains de ces moyens ont nécessité une mise en œuvre et une préparation particulière (car peu classiques) pour accéder aux propriétés physiques (résistivité sous champ magnétique de film libéré du substrat, contrainte résiduelle sur poutre Si, aimantation sous pression).

L'ensemble de ces moyens d'élaboration et de caractérisation nous ont permis d'une part d'élaborer des films avec une température de transformation et des états magnétiques tels que nous l'espérions et d'autre part de mieux comprendre les mécanismes de transformation de phase de ces films minces de type Ni-Co-Mn-In.

Chapitre III : Elaboration de films de type Ni-Co-Mn-In

Dans ce chapitre sont présentées l'élaboration et la caractérisation de films de type Ni-Co-Mn-In par dépôt physique en phase vapeur (PVD). Plusieurs voies ont été testées afin d'obtenir un film avec la composition désirée. Après une brève présentation du procédé de fabrication des cibles utilisées dans ce travail, une partie de ce chapitre relate l'étude réalisée sur des dépôts obtenus depuis le bâti mono-cible du CRETA pour lequel deux cathodes avec des magnétrons de différentes puissances (aimant faible et aimant fort) ont été successivement utilisées. Une large part de ce chapitre porte ensuite sur les dépôts réalisés depuis un bâti multi-cibles en utilisant une première cible quaternaire et une seconde cible d'un élément unique de nickel, de manganèse ou d'indium. Enfin, la libération de couches ainsi que les recuits associés font l'objet de la dernière partie de ce chapitre.

I)   Elaboration des cibles quaternaires

A)   Procédé utilisé

L'ensemble des cibles quaternaires utilisées pour les dépôts ont été produites par P. Courtois à l'Institut Laue-Langevin (ILL). Les quatre différents éléments constitutifs des cibles quaternaires ont été pesés puis introduits dans un creuset froid (dispositif à bout conique). L'ensemble est ensuite fondu par induction à une température de 900°C pendant quelques minutes. L'alliage obtenu est ensuite introduit dans un four permettant la croissance suivant la méthode Bridgman, avec un gradient de température parfaitement maîtrisé de l'ordre de quelques kelvins par centimètre et à une vitesse suffisamment lente permettant alors une cristallisation du lingot. Des monocristaux centimétriques sont ainsi obtenus dans le lingot de 6 cm de diamètre et de 10 cm de hauteur. L'état cristallin du lingot élaboré (voir Figure 3.44) est vérifié à l'aide de RX durs (5 à 10 keV). Les cibles, de quelques millimètres d'épaisseur pour un diamètre d'environ 5 cm, sont ensuite découpées par électroérosion, dans la partie cylindrique du lingot. Un polissage manuel des cibles termine le travail de préparation.

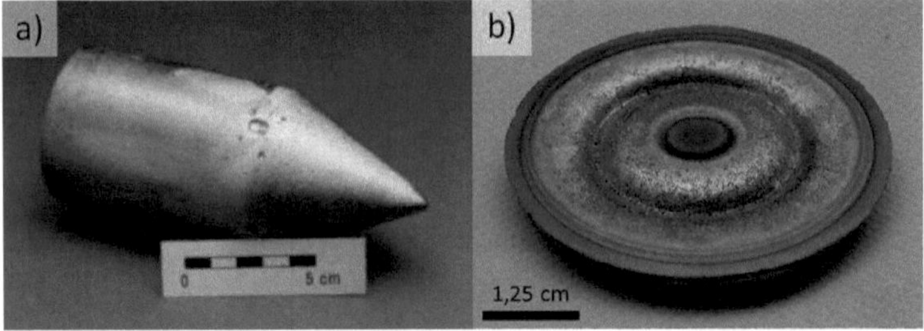

Figure 3.44 : Photographies a) d'un lingot NiCoMnIn de 2 kg élaboré par la méthode de Bridgman à l'ILL et b) d'une cible après utilisation.

B) Nature des cibles

Dans un premier temps, une cible de composition $Ni_{45}Co_5Mn_{37,5}In_{12,5}$ identique à celle désirée pour le film a été choisie. L'analyse de la cible effectuée par EDX a confirmé que la composition était bien celle attendue. Par contre, les films déposés en utilisant cette cible contenaient systématiquement un excès de Ni et un déficit de Mn et In. Deux autres cibles ont donc été préparées, une seconde de composition $Ni_{40}Co_5Mn_{41}In_{14}$ et une troisième de composition $Ni_{38}Co_4Mn_{42}In_{16}$ qui a permis d'élaborer une grande partie des films dont les propriétés physiques et fonctionnelles sont présentées dans les chapitres suivants. Le tableau 1 résume les différentes cibles utilisées dans ce travail.

	cible 1	cible 2	cible 3
Composition visée	$Ni_{45}Co_5Mn_{37,5}In_{12,5}$	$Ni_{40}Co_5Mn_{41}In_{14}$	$Ni_{38}Co_4Mn_{42}In_{16}$
Composition obtenue (par EDX)	$Ni_{44,4}Co_{5,0}Mn_{37,9}In_{12,7}$	$Ni_{42,3}Co_{4,9}Mn_{39,5}In_{13,3}$	$Ni_{38,2}Co_{4,0}Mn_{38,8}In_{19,0}$

Tableau 3.2 : Composition des différentes cibles utilisées durant cette thèse.

II) Dépôt par pulvérisation cathodique mono-cible

Lors de cette thèse, les premiers dépôts ont été réalisés sur un bâti mono-cible situé au CRETA. Sur celui-ci une seule cathode permettant de faire varier la puissance de 0 à 20 W était alors disponible, puis, l'acquisition d'une seconde cathode à aimant fort a permis l'accès à de plus hautes puissances, jusqu'à 100 W.

Comme mentionné précédemment, différentes cibles ont été utilisées afin d'obtenir un film avec la composition $Ni_{45}Co_5Mn_{37,5}In_{12,5}$ recherchée. De manière générale, la composition du film déposé par PVD à partir du bâti mono-cible du CRETA est plus dépendante de la composition de la cible que des différents paramètres variables de dépôt tels que la pression, la température de dépôt ou la puissance. Ainsi, pour une cible donnée, la composition atomique du film déposé ne varie que de quelques pourcents, d'environ 2 à 6,5%. Cette tendance se vérifie quelle que soit la cible utilisée mais évolue lorsque le dépôt est réalisé à une température supérieure à la température ambiante ou lorsque le film est recuit *ex-situ*. En effet, les compositions varient alors de manière significative par volatilisation des éléments ayant une enthalpie de vaporisation la moins élevée, ce qui est particulièrement le cas de l'indium.

Nous avons également pu observer que la variation de la composition des différents éléments d'une cible donnée n'est pas en relation directe avec la variation de la composition des différents éléments du dépôt résultant. Ainsi, il est difficile de trouver la composition de la cible permettant d'obtenir des films avec la composition voulue.

Divers substrats comme l'alumine polycristalline et le verre amorphe ont été utilisés. La caractérisation des films élaborés sur ces substrats a montré qu'ils n'ont aucune influence sur la microstructure, la composition et le mode de croissance colonnaire ou amorphe des films. En revanche, l'utilisation de substrats monocristallins tels que Si (100) et MgO (100) permet de réaliser une épitaxie ou une texture. Ces deux substrats ont en effet un paramètre de maille respectivement 5,43 Å et de 4,213 Å. Suivant la direction [110], la distance interréticulaire est alors de 5,958 Å pour le MgO proche du paramètre de maille de la phase austénitique de l'Heusler recherché de 5,94 Å (R. Niemann, 2010).

A) Effet de la température de dépôt et du recuit sur les microstructures et les compositions

La canne supportant l'échantillon est munie d'un dispositif chauffant permettant d'augmenter la température de l'ambiante à presque 800°C. La plupart des dépôts ont été réalisés à une température proche de 400°C ou à la température ambiante.

Le premier constat est que les dépôts réalisés à température ambiante présentent une croissance colonnaire, alors que les dépôts réalisés à plus haute température ont un aspect plus désordonné. Cette différence sur la croissance du film est montrée sur la Figure 3.45. Cette évolution du type de croissance avec la température, n'est à ce jour pas encore clairement comprise. En outre, nous avons constaté par analyses EDX que les films déposés à une température supérieure à l'ambiante contenaient plus de carbone et d'oxygène que ceux élaborés à 20°C. Ces analyses ont été réalisées sans étalon et ne sont donc pas quantitatives mais restent valables comparativement. Cette contamination est probablement due au dégazage de l'enceinte du bâti lors de la montée en température.

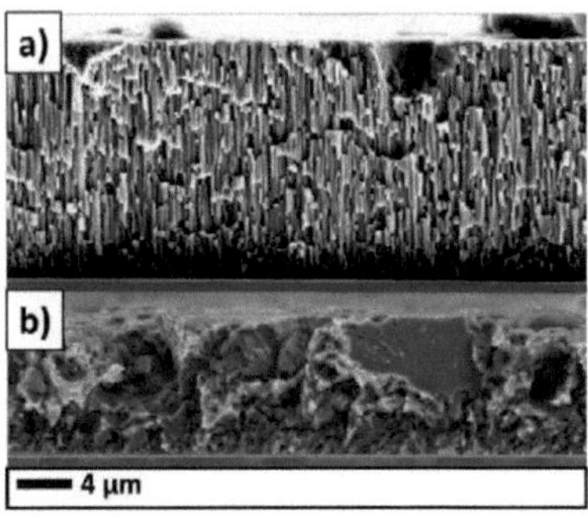

Figure 3.45 : Coupes transversales observées au MEB en mode SE2 de deux films élaborés a) à la température ambiante et b) à 400°C. Les deux images sont à la même échelle.

Nous constatons également, en raison de la faible enthalpie de vaporisation de l'indium (232 kJ.mol^{-1}) et du manganèse (226 kJ.mol^{-1}) comparée à celle des autres éléments que sont le nickel (370 kJ.mol^{-1}) et le cobalt (377 kJ.mol^{-1}), que la proportion de Mn et surtout d'In retrouvée dans le film après dépôt, diminue de manière significative avec l'augmentation de la température (*Tableau 3.3*). Ces pertes d'In et de Mn s'observent également après un recuit *ex-situ* ou *in-situ*. Cependant, lors d'un recuit *ex-situ*, déposer le film entre 2 plaques d'alumine Al_2O_3 permet de réduire de manière significative, voire totalement, la perte de ces éléments. Nous constatons également qu'un recuit à 900°C (même en utilisant les plaques d'alumine) conduit à une perte totale d'In.

	Ni	Co	Mn	In
Dépôt à 400°C	5 %	0 %	0 %	**-40 %**
Recuit à 700°C <u>sans</u> plaque d'alumine	12 %	16 %	**-3 %**	**-100 %**
Recuit à 900°C <u>entre</u> 2 plaques d'alumine	3 %	17 %	23 %	**-100 %**
Recuit à 600°C <u>entre</u> 2 plaques d'alumine	**-3 %**	0 %	3 %	0 %

Tableau 3.3 : Variation relative du pourcentage atomique d'un film Ni-Co-Mn-In selon la température de dépôt et de recuit ex-situ avec ou sans plaques d'alumine. -100% correspond à une perte totale de l'élément considéré.

B) Effet de la pression sur la densité du film

Cette étude a été effectuée en utilisant une cathode à aimant fort permettant de faire varier la puissance de dépôt de 20 à 100 W. Nous avons constaté que la pression a une influence notable sur la microstructure pour des fortes puissances supérieures à 50 W. La pression a été variée de 6.10^{-3} à 3.10^{-2} mbar.

Les microstructures obtenues présentent une augmentation de la porosité à la surface et au cœur des films avec l'élévation de la pression (voir Figure 3.46). Ce phénomène se reproduit de manière comparable pour les trois puissances appliquées (50, 70 et 100 W). Ceci s'explique par le fait qu'une plus forte pression de gaz génère un plasma plus dense. Les atomes arrachés de la cible se déposent alors sur le substrat avec moins d'énergie et donc moins de mobilité (K. Srinivas, 2014). Ce phénomène est expliqué par le modèle de Thornton, qui montre qu'il est alors nécessaire d'augmenter la température pour compenser cette diminution de l'énergie (voir Figure 3.47).

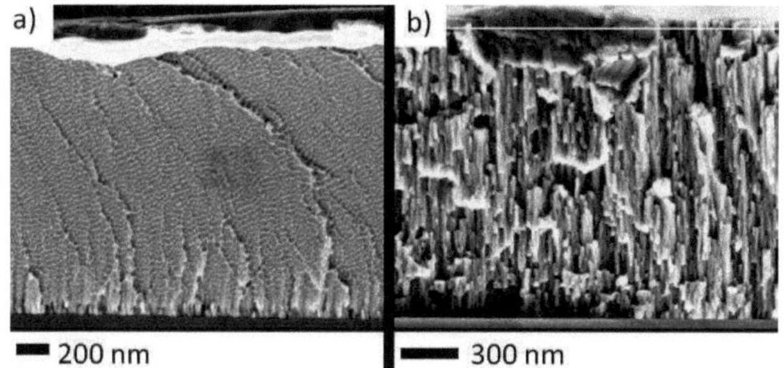

Figure 3.46 : Coupes transversales observées au MEB en mode SE2, de dépôts réalisés avec 50 W pendant 60 minutes, avec une pression d'argon de a) 7.10^{-3} mbar et b) 3.10^{-2} mbar. A haute pression, une croissance colonnaire mais moins dense est observée.

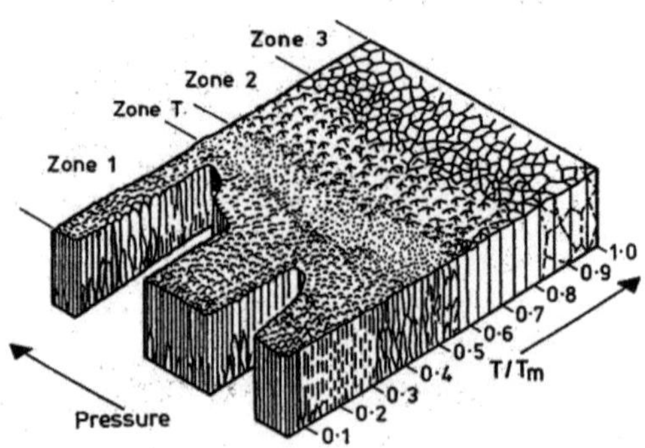

Figure 3.47 : Modèle de Thornton décrivant la microstructure de film en fonction de la pression de dépôt et du rapport T/T_m (température de dépôt/température de fusion du film) (J.A. Thornton, 1977).

Zone 1 : structure poreuse constituée de cristaux effilés séparés par du vide.

Zone T : structure de transition constituée de grains fibreux densément assemblés.

Zone 2 : structure à grains colonnaires.

Zone 3 : structure constituée de grains re-cristallisés.

Parallèlement, nous constatons que les films déposés sous haute pression ont une épaisseur moins importante que ceux déposés à basses pressions (voir Figure 3.48). Le modèle de Thornton permet aussi d'interpréter ces différences par une diminution de la quantité d'atomes se déposant sur le substrat. Cet effet est amplifié après recuit.

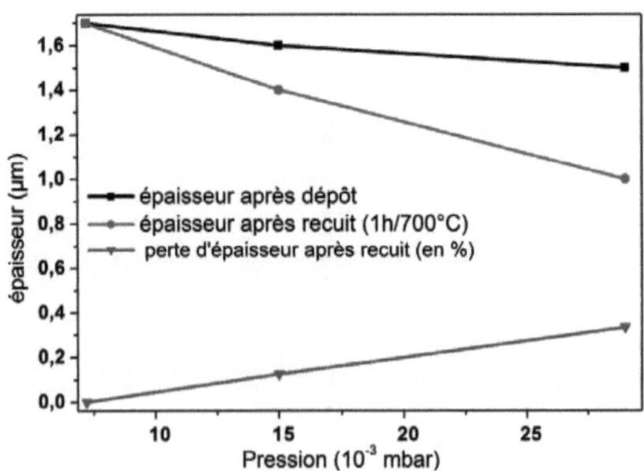

Figure 3.48 : Effet de la pression de dépôt sur l'épaisseur des films avec ou sans recuit.

Cette variation de la densité des films en fonction de la pression de gaz est sans doute à l'origine des variations en composition obtenues pour des films recuits *ex-situ*. Un film élaboré à faible pression sera ainsi plus dense et perdra moins d'indium lors d'un recuit *ex-situ*. La diminution de l'épaisseur de certains films après recuit peut également être attribuée à un phénomène de densification du film.

C) Effet de la pression sur la microstructure après recuit *ex-situ*

La microstructure des films recuits évolue également en fonction de la pression appliquée lors du dépôt. En effet, les films déposés sous les pressions les plus basses (7.10^{-3} mbar) montrent des tailles de grains plus grandes (~10 µm) et des grains plus nets (grains striés ou plats et poreux), ainsi que de nombreux précipités de manganèse, alors que les films déposés sous des pressions plus importantes (3.10^{-2} mbar) ne montrent que de petit grains (~200 nm) avec beaucoup d'oxydes (vérifiés en EDX) en surface et en profondeur. Aussi, ces films ne présentent pas de précipités de manganèse (*Figure 3.49*).

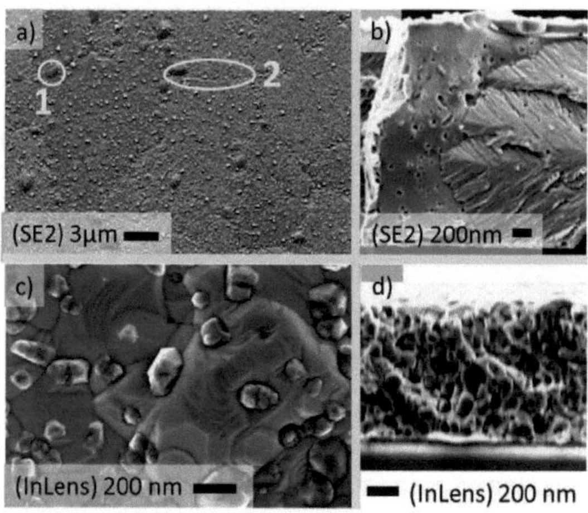

Figure 3.49 : Images MEB montrant l'effet de la pression sur la microstructure pour un film recuit une heure à 700°C après dépôt à 50 W pendant 1h à température ambiante sous une pression de 7.10^{-3} mbar (a et b pour surface et profil respectivement) et 3.10^{-2} mbar (c et d pour surface et profil respectivement). A noter la différence d'échelle entre a et c.

D) Effet de la puissance sur la morphologie de croissance

Les effets de la variation de la puissance du plasma sur la porosité et sur les microstructures sont nettement moins importants que ceux observés par changement de la pression. La microstructure du film déposé à forte puissance est cependant très différente de celle des dépôts réalisés à plus faible puissance. En effet, comme il est possible de l'observer sur la Figure 3.50, la croissance du dépôt réalisé à 100 W se termine systématiquement par une morphologie colonnaire dont les diamètres varient de 80 à 200 nm quelle que soit la pression de gaz (de 6.10^{-3} à 30.10^{-3} mbar). Rappelons que ce diamètre ne dépassait pas 40 nm lors des dépôts à plus basse puissance quelle que soit la pression.

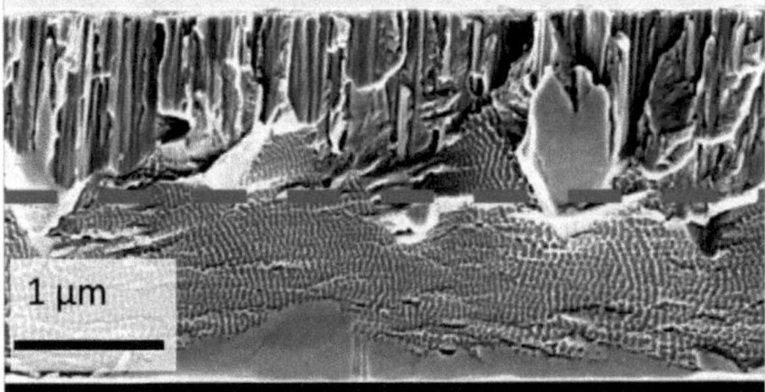

Figure 3.50 : Image MEB de la tranche d'un film déposé sous 100 W pendant une heure à la température ambiante. La pression de 6.10^{-3} mbar justifie la croissance désordonnée-labyrinthique observée à la base. Une température finale de 80°C (mesurée au niveau du porte-substrat) explique que la *croissance devient finalement colonnaire (les deux types de croissance sont séparés par des tirets bleus)*.

Il est à noter que les dépôts à forte puissance (80 à 100 W) réalisés à la température ambiante pendant une heure entraînent une élévation de la température du porte-substrat de 60 à 80°C alors qu'elle n'est que de 30 à 40°C pour des dépôts à puissance plus faible (40 à 50 W). L'évolution de la morphologie de croissance s'interprète donc par une élévation de la température du substrat au cours du temps conduisant à cette forme colonnaire en fin de dépôt en se basant sur le modèle de Thornton (Figure 3.47).

E) Influence des conditions de dépôt sur les contraintes internes

L'influence de la pression de travail ainsi que de la puissance du plasma sur les contraintes internes du film a été étudiée par la méthode de déflexion de poutre mise au point par nos collègues de l'institut FEMTO-ST. Le principe, explicité dans le chapitre 2, permet par mesure de déflexion de poutres de Si de fine épaisseur de déterminer les contraintes internes. Les épaisseurs déposées ont été mesurées sur un substrat d'alumine, situé à proximité des poutres, par observation de tranches avec un MEB. A noter que pour simplifier ces études, le module d'Young du Ni_2MnGa a été utilisé. Des mesures du module d'Young des films de type Ni-Co-Mn-In sont en cours pour affiner les résultats obtenus. Ces premiers tests permettent de constater que les contraintes internes sont compressives et de l'ordre de quelques centaines de MPa donc comparables à de faibles contraintes internes pour des films Ni-Mn-Ga également élaborés par PVD (F.Bernard, 2014). Il apparaît cependant, à partir de la Figure 3.51, que les contraintes semblent légèrement plus importantes pour des dépôts réalisés à fortes pressions ($1,5 \ 10^{-2}$ mbar) pour des puissances de 50 W. Il a été vu précédemment que ces conditions de dépôt conduisent à l'obtention de films de microstructure poreuse.

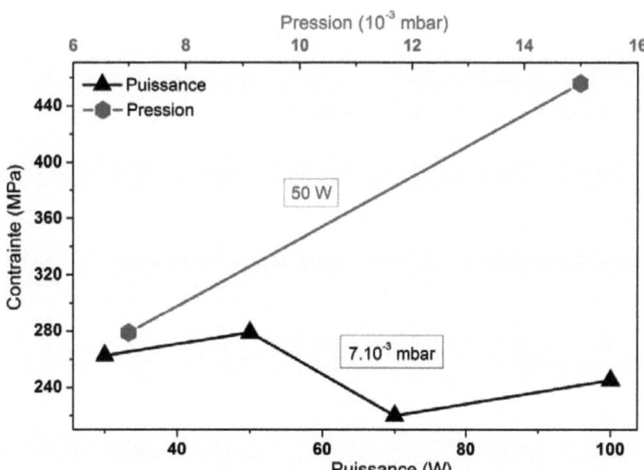

Figure 3.51 : Mesures de contraintes internes de film Ni-Co-Mn-In en fonction de la puissance et de la pression de dépôt.

F) Influence des conditions de dépôt sur les compositions

L'étude sur les variations de composition des films en fonction des paramètres de dépôt a montré que l'utilisation d'un bâti mono-cible ne permet pas d'obtenir la stœchiométrie désirée. En effet, l'amplitude importante de variation de différents paramètres tels que la pression ou la puissance lors du dépôt ne change la composition que de quelques pourcents (voir Tableau 3.4). L'utilisation de cibles de différentes compositions (voir *Tableau 3.2*) change également difficilement la composition du film élaboré. En effet la relation entre composition du film et composition de la cible semble compliquée. De plus, l'usure de la cible est un paramètre non négligeable pour le contrôle de la stœchiométrie du film élaboré. Il nous a donc paru nécessaire de faire des études de co-pulvérisation afin d'obtenir un film de stœchiométrie recherchée. Ces études sont traitées dans la partie suivante.

	Variation maximale des pourcentages atomiques :			
Dépôt réalisé en variant le paramètre:	Ni	Co	Mn	In
Pression de 7.10^{-3} à 3.10^{-2} mbar	6,5	0,1	4,1	3,8
Puissance de 50 à 100W	6	0,1	1	5,4

Tableau 3.4: Variation maximale des pourcentages atomiques pour différentes pressions et puissances de dépôt.

III) Dépôt de films par co-pulvérisation

Comme mentionné précédemment, le développement d'un alliage Heusler Ni-Co-Mn-In sous forme de film mince a été réalisé dans le cadre d'un projet ANR. Ce projet nous a permis de multiples collaborations avec différents partenaires académiques et industriels. La collaboration avec l'industriel Schneider Electric a permis d'utiliser, avec l'aide notamment de Laurent Carbone et Nathalie Caillault, un bâti multi-cibles pour élaborer des films de compositions variables.

A) Relation entre composition et puissance sur cible secondaire

Dans un premier temps nous avons cherché à relier la composition du film déposé à la puissance appliquée sur une seconde cible composée d'un élément unique. Pour ce faire nous avons utilisé comme cible principale une cible quaternaire de composition $Ni_{43}Co_5Mn_{39}In_{13}$. Les dépôts ont été réalisés de manière systématique sur un substrat de MgO (100), favorable à une épitaxie de la phase de type Heusler recherchée. La puissance a été fixée à 74 ± 4 W avec un mode DC appliqué sur la cathode de la cible principale. Des puissances variant de 0 à 26 W, de 0 à 15 W et de 0 à 15 W, en mode RF, ont été appliquées sur des cibles secondaires composées d'un élément unique, respectivement de Ni, Mn et In. Pour ces élaborations, la température de dépôt a été fixée à 430°C, sous une pression d'argon de 8.10^{-3} mbar (avec un débit de 40 sccm), pendant 20 à 30 minutes. Après dépôt, aucun traitement thermique n'a été effectué et l'échantillon a été refroidi sous une pression d'argon jusqu'à la température ambiante. Le substrat a subi une rotation à une vitesse de 6 rpm pour assurer une thermalisation du porte-substrat et une bonne homogénéité en composition et en épaisseur des films déposés.

Un échantillon témoin, sans utilisation de seconde cible, a été déposé pendant 30 minutes. Il en a résulté un film d'une épaisseur de 800 nm et de composition $Ni_{44,7}Co_{5,4}Mn_{38,8}In_{11,1}$. Comme le montre la *Figure 3.52*, une augmentation de la puissance sur la seconde cible entraîne une augmentation quasiment linéaire de la composition de cet élément dans le film déposé. Ainsi, avec une seconde cible de Ni, la composition de nickel dans le film déposé augmente quasi linéairement de 45% à 55%, pour une puissance variant de 0 à 26 W. Cette évolution se produit principalement au dépend du manganèse, même si une évolution de la concentration des autres éléments est également constatée. Cette tendance est identique pour les cibles de Mn et In. Ces variations de composition vont logiquement avoir un effet sur les valeurs de e/a déterminées à partir des compositions (voir Équation 1.2: du chapitre I). Ainsi, une augmentation de la puissance appliquée sur une seconde cible de Ni ou Mn augmentera le e/a, contrairement à l'augmentation de la puissance sur une seconde cible d'In qui va le diminuer (*Figure 3.52* d)). C'est ce e/a qui va déterminer la température de transformation structurale, comme l'ont montré de nombreux travaux sur ces systèmes dans la littérature (W. Ito, 2007). A partir de ces études il peut être affirmé que pour obtenir une transformation structurale à l'ambiante, une valeur de e/a proche de 7,95 est nécessaire. Par conséquent, en analysant la *Figure 3.52*, nous pouvons affirmer que l'utilisation de la co-pulvérisation avec une seconde cible d'indium va nous permettre d'obtenir in fine un film avec la composition optimale pour l'obtention de la transition structurale souhaitée, soit une transition à température ambiante vers une phase martensite non magnétique.

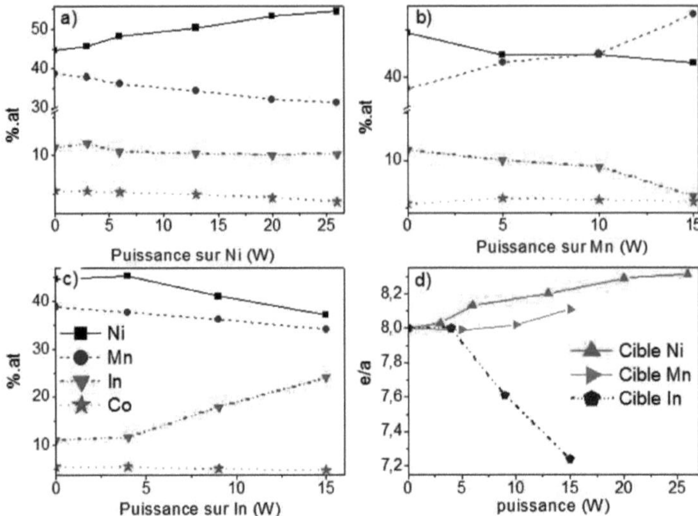

Figure 3.52 : Variation de la composition des films, en pourcentage atomique, des quatre éléments déposés, avec la puissance appliquée sur une seconde cible a) de nickel, b) de manganèse et c) d'indium. d) Evolution du e/a avec la puissance appliquée sur chacune des trois secondes cibles de Ni, Mn et In.

B) Epitaxie

Il est tout d'abord apparu que des films déposés au-dessus de 400°C pouvaient présenter des grains orientés. La Figure 3.53 montre la croissance d'un film déposé à 430°C sur un substrat de MgO pendant 20 minutes, à partir d'une co-pulvérisation (72 W DC sur la cible principale et 9 W RF sur une cible secondaire d'indium) sous une pression de 8.10^{-3} mbar d'argon.

En effet la projection de la diffraction des rayons X en une figure de pôle montre une épitaxie du dépôt suivant la direction (001)[110] du substrat de MgO. Le film est cristallisé dans une phase avec des paramètres de mailles ($a_1 = b_1 = 6,06$ Å et $c_1 = 6,00$ Å). La phase est donc probablement cubique avec une légère contrainte, ou peut-être quadratique. Le paramètre de maille du MgO étant de 4,213 Å, la distance entre deux atomes suivant la direction [110] du plan (001) est d'environ 5,96 Å, soit une incohérence de 0,7% et de 1,7% entre les paramètres de mailles du dépôt et la structure du substrat. On peut donc en conclure que l'épitaxie se fait bien avec la direction [100] du plan (001) du film suivant la direction [110] du plan (001) du substrat. Cette incohérence est très faible et peut en effet permettre une épitaxie. Les figures de pôle suivant les directions [111] et [004] confirment cette épitaxie sur la Figure 3.54.

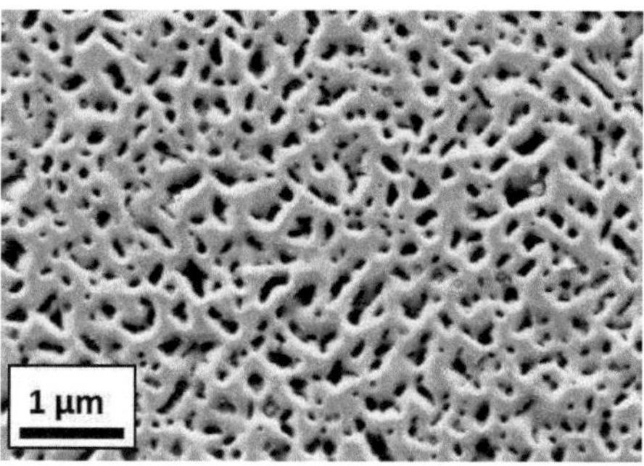

Figure 3.53 : Image MEB en mode SE2 montrant que le dépôt a subi une croissance suivant deux directions privilégiées, laissant apparaître des pores orientés suivant ces mêmes directions.

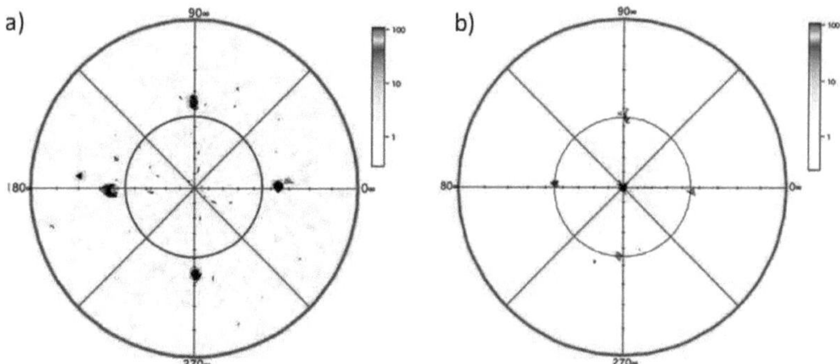

Figure 3.54 : Figures de pôles d'un échantillon déposé à 430°C en co-pulvérisation. Les deux directions analysées a) [111] et b) [004] montrent que le film est épitaxié : (Ni-Co-Mn-In(001)[100]||MgO(001)[110]).

C) Contraintes induites par le substrat

Le film épitaxié décrit dans le paragraphe précédemment n'a malheureusement pas montré de signe de transformation M-A même à des températures inférieures à l'ambiante. Une explication de l'absence de transformation structurale peut être liée à une contrainte induite par le substrat, se propageant sur l'ensemble du film déposé.

Afin de vérifier cette hypothèse, une étude comparative entre un film libéré et un film contraint a été menée. Pour cela nous avons réalisé un dépôt, par co-pulvérisation sur deux substrats monocristallins de même orientation (100) mais de natures différentes, MgO et Na-Cl. Le NaCl a un paramètre de maille de 5,640 Å et la distance interréticulaire du MgO suivant la direction [110] est de 5,958 Å. Les deux dépôts ont été réalisés en même temps, avec une puissance de 74 W appliquée sur la cible principale (cible quaternaire de composition $Ni_{45,3}Co_{4,5}Mn_{37,1}In_{13,1}$) et une puissance de 12 W sur la cible secondaire d'In. Le substrat de Na-Cl a ensuite été dissout dans l'eau afin de libérer le film. Les temps de dépôt de 150 minutes ont permis d'obtenir des films épais de 4,5 µm permettant la tenue du film après libération.

La microstructure, observée avec un MEB, semble être identique pour les deux films, et est constituée de grains cylindriques de 1 à 4 µm de diamètre et de 4,5 µm de long et contenant une faible proportion d'une phase secondaire non identifiée (Figure 3.55).

Figure 3.55 : Images MEB de la surface du film en mode SE2, déposé sur MgO a) et libéré d'un substrat Na-Cl b).

Une étude par diffraction des rayons X des deux échantillons montrent un déplacement, léger mais systématique, des pics de diffraction (inférieur au % de sa valeur en 2θ) vers de plus faibles valeurs, preuve d'une légère augmentation des paramètres de maille lorsque le film est libéré. Ce changement, bien que de faible amplitude, a un effet important sur la variation de l'aimantation avec la température. En effet, comme le montre la Figure 3.56, le film libéré est 4 fois moins magnétique à 10 K qu'à 300 K, avec une transformation hystérétique. Ce phénomène est dû à la transformation structurale d'une phase austénitique magnétique vers une phase martensitique moins magnétique. En conséquence, il est montré que le substrat peut induire une contrainte sur nos films et qu'il peut bloquer la transformation structurale, modifiant ainsi les multiples propriétés physiques de l'échantillon.

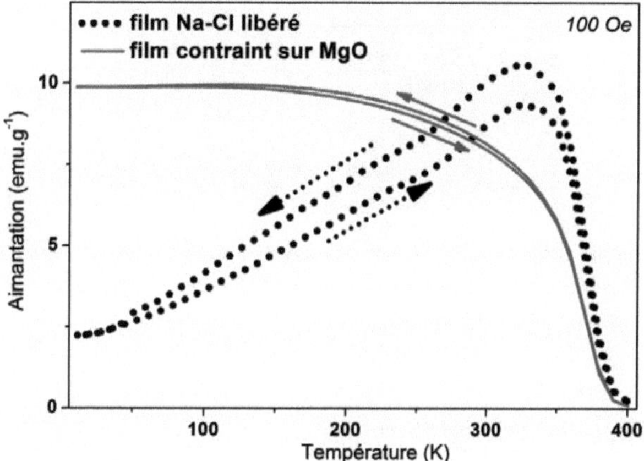

Figure 3.56 : Courbes thermomagnétiques des films élaborés dans les mêmes conditions avec un film contraint sur un substrat de MgO et un film libéré d'un substrat de Na-Cl, montrant l'influence de la contrainte du substrat sur la transformation structurale.

D) Phases secondaires lors de dépôts au-dessus de 400°C

Cette étude a été réalisée sur substrats MgO (100) pour des températures de dépôt supérieures à 400°C. Par exemple, un dépôt de 60 minutes à 430°C en appliquant 71 W sur une cible quaternaire de composition $Ni_{38}Co_4Mn_{42}In_{16}$ et 4 W sur une seconde cible d'In permet d'obtenir un film de composition globale $Ni_{42}Co_4Mn_{41}In_{13}$. Mais ce film est constitué de deux phases : une phase riche en In et pauvre en Ni de composition $Ni_{35}Co_5Mn_{39}In_{21}$, et une phase riche en Mn et pauvre en In de composition $Ni_{44}Co_5Mn_{46}In_5$. Une observation au MEB en mode ESB permet de distinguer facilement ces deux phases (cf Figure 3.57).

L'ensemble de cette étude présenté dans cette partie du chapitre nous conduit à envisager la libération du film après dépôt en co-pulvérisation afin de limiter les contraintes induites par le substrat. Le dépôt à température ambiante va permettre de maîtriser la composition de manière homogène, tandis que le recuit *ex-situ* peut entrainer la cristallisation de l'ensemble du film vers une phase unique. Ceci fait l'objet de la partie suivante.

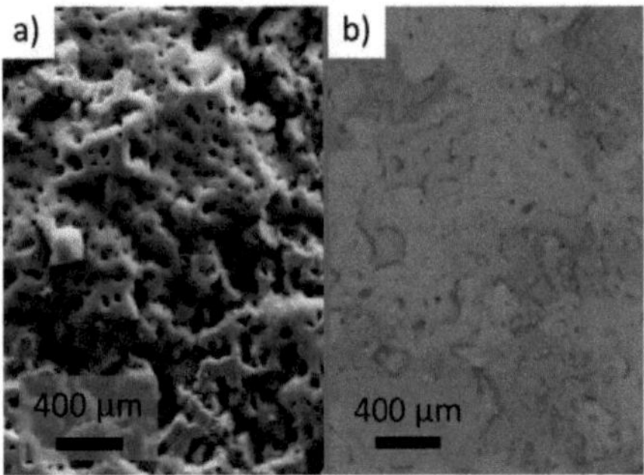

Figure 3.57 : Images montrant le mélange de phases, lors d'un dépôt en co-pulvérisation au-dessus de 400°C observées avec un MEB a) en mode SE2 pour montrer la topographie et b) en mode ESB pour distinguer les différentes phases.

IV) Elaboration de films libérés

A) Films libres déposés à température ambiante

Dans le but d'obtenir des films libérés, nous avons déposé, à l'aide de la méthode d'enduction centrifuge, de la résine photosensible Shipley 1818 sur un substrat de verre. Un dépôt de Ni-Co-Mn-In a ensuite été réalisé en co-pulvérisation en appliquant 73 W DC sur la cible quaternaire $Ni_{38}Co_4Mn_{42}In_{16}$ et 6 W RF sur une seconde cible d'In. Le dépôt a été effectué à température ambiante durant 150 minutes sous une pression d'argon de 8.10^{-3} mbar. Le débit d'argon était de 40 sccm et le substrat a subi une rotation de 6 rpm. La distance du substrat à la cible a été fixée à 8 cm.

Il en résulte un film homogène, gris réfléchissant. Selon certaines conditions de dépôt, le film peut se fissurer en morceaux de quelques millimètres carrés pour des raisons non comprises encore aujourd'hui (effet de la pression et/ou de la puissance menant à un film trop poreux ou avec trop de contraintes internes ?). Il est ensuite libéré de son substrat par immersion dans l'acétone qui dissout la résine. Les morceaux de films s'enroulent ensuite sur eux-mêmes selon le gradient des contraintes résiduelles présentes dans le film lors de la libération (voir Figure 3.58).

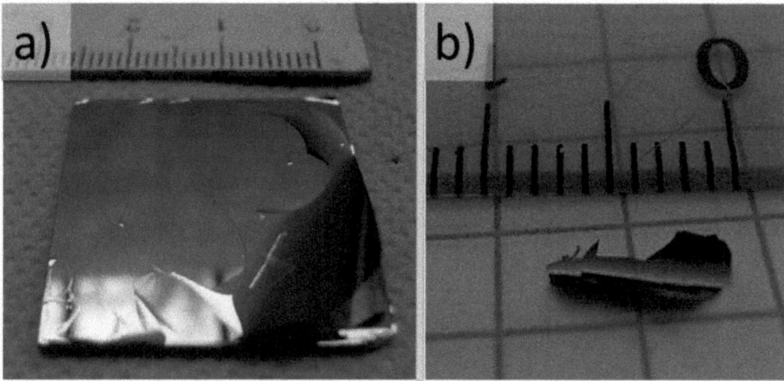

Figure 3.58: Photographies d'un film déposé en co-pulvérisation. a) avant libération et b) après libération.

Des observation avec un MEB couplées à des analyses EDX ont montré que la composition du film est $Ni_{40,3}Co_{4,2}Mn_{40,3}In_{15,2}$ et qu'il est homogène avec une croissance colonnaire, comme la plupart des films déposés à température ambiante. Le dépôt fait 4,5 µm d'épaisseur. Le film étant déposé à température ambiante, un recuit *ex-situ* est nécessaire à sa cristallisation. La partie suivante traite de ce recuit.

B) Cristallisation par recuit *ex-situ*

Plusieurs types de recuits ont été testés afin de cristalliser l'échantillon. Lors des recuits une vaporisation des éléments les plus volatiles est observée, entraînant une diminution de la concentration de ces éléments dans le film recuit. Pour pallier ce problème, nous nous sommes appuyés sur les essais de recuit réalisés sur des films de type Ni-Mn-Ga par un précédent doctorant du laboratoire. En insérant le film à recuire entre deux plaques d'alumine, les pertes dues à la vaporisation d'éléments sont minimisées, voire annulées. Les recuits ont été principalement effectués avec un four RTP (Rapid Thermal Processing) permettant de monter et/ou descendre rapidement la température en quelques secondes. L'inconvénient de ce four est que les durées de recuit sont limitées à 1 h.

Des mesures EDX ont montré que si la montée en température est trop rapide il s'en suit une dégradation du vide, la surface de l'échantillon se recouvre alors d'oxydes, comme la Figure 3.59 le montre.

Pour optimiser le vide il a donc été décidé de réaliser le recuit suivant la procédure suivante : de l'argon est injecté après avoir obtenu un vide primaire de 5.10^{-2} mbar. Puis un vide secondaire est obtenu en pompant 30 minutes jusqu'à obtention d'un vide inférieur à 1.10^{-5} mbar. Enfin la montée en température est réalisée en quelques centaines de secondes, selon la température finale désirée, de sorte que le vide reste toujours inférieur à 1.10^{-4} mbar. La pression lors du recuit est d'environ 1.10^{-5} mbar.

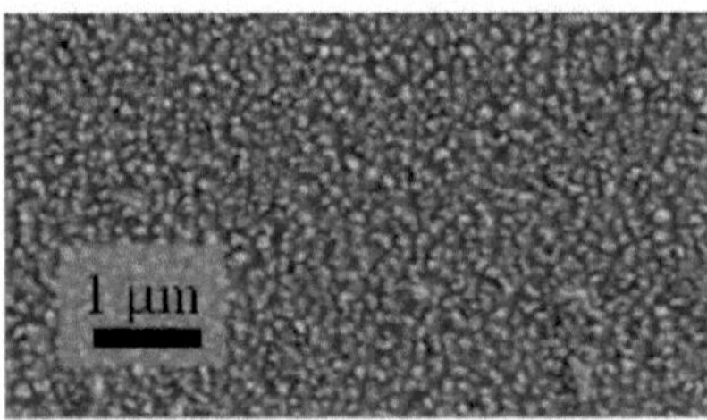

Figure 3.59: Image MEB en mode SE2 montrant l'oxydation de la surface d'un film libéré après un recuit ex-situ dans le four RTP sous vide dégradé.

Différents recuits d'une heure ont été étudiés pour des températures variant de 600 à 750°C. L'influence de ces recuits sur la microstructure, la structure, mais aussi le comportement magnétique en fonction de la température, a été systématiquement étudiée. Le film de composition $Ni_{40,3}Co_{4,2}Mn_{40,3}In_{15,2}$ avant le recuit est trop riche en In et Mn au dépend du Ni. Sur la Figure 3.60, nous pouvons constater que l'influence du recuit sur la composition est marquée dès 600°C et qu'elle évolue avec la température. Un recuit d'une heure à 700°C conduit à un film de composition $Ni_{45,2}Co_{4,7}Mn_{36,2}In_{13,9}$, composition qui a été vérifiée par microsonde de Castaing ($Ni_{43,6}Co_{4,6}Mn_{37,9}In_{13,9}$). Au-delà de 700°C, la variation de la composition avec la température n'est plus linéaire sans doute à cause des pertes trop élevées d'In. Le film est alors biphasé, avec une composition globale $Ni_{49,5}Co_{4,3}Mn_{37,3}In_{8,9}$. Notons également sur la Figure 3.60 b), une évolution quasi linéaire du c/a, de 7,68 (film non recuit) à

7,89 (recuit à 700°C) et une variation significativement plus importante pour le recuit à 750°C entraînant un e/a de 8,21.

Les observations effectuées avec un MEB (Figure 3.61) montrent que les films se transforment systématiquement en grains de quelques dizaines de µm de diamètre pour des températures de recuit supérieures à 650°C. Des variantes de martensite caractéristiques de la présence d'une phase martensitique sont observées dans les films recuits au-delà de 700°C. Ces observations sont en accord avec les compositions et les valeurs de e/a obtenues après recuit. Le film recuit à 750°C présente une phase secondaire composée principalement de NiMn avec une stœchiométrie non clairement identifiée et représentant environ 30% du film.

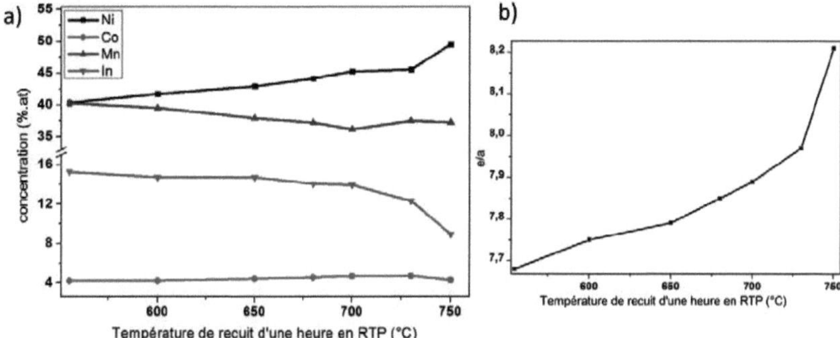

Figure 3.60: Evolution (a) de la composition et (b) de e/a en fonction de la température de recuit d'une heure. Pour faciliter la lecture, la composition et le e/a du film n'ayant subi aucun recuit a été placée vers 555°C.

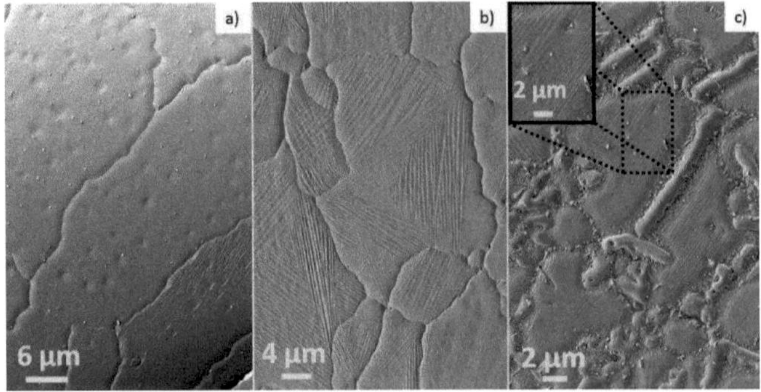

Figure 3.61: Images observées au MEB de films recuits une heure à a) 650°C, b) 700°C et c) 750°C. Les films recuits au-delà de 700°C montrent des variantes de martensite au sein des grains et la présence d'une phase secondaire.

Les analyses par diffraction des rayons X montrent une cristallisation variable selon la température de recuit des films. Ainsi les films recuits à des températures inférieures à 700°C présentent une structure austénitique (courbe noire sur la Figure 3.62). Les phases martensitiques apparaissent dans les films recuits à partir de 700°C (courbes rouge et bleue). On notera par exemple la présence des modulations (10M et 14M), proches du pic principal de la direction [220] de l'austénite. Les phases secondaires observées auparavant avec le MEB sont également révélées dans le diffractogramme du film recuit à 750°C (phase β).

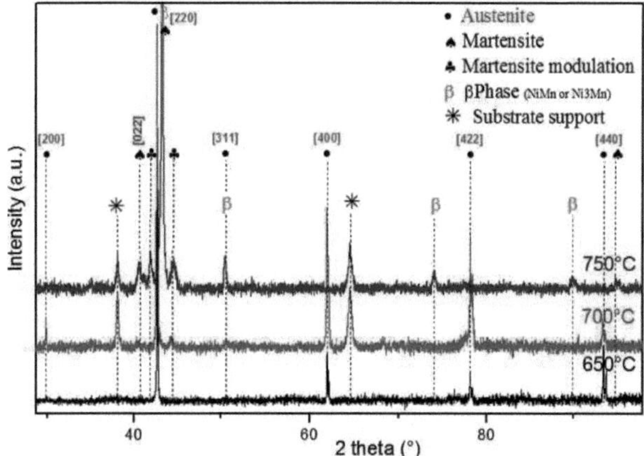

Figure 3.62: Diagrammes de diffraction après recuits ex-situ d'une heure à différentes températures d'un film libéré (noir : recuit à 650°C, rouge : recuit à 700°C et bleu : recuit à 750°C).

C) Températures de transformation et comportement magnétique des films recuits

L'évolution de l'aimantation sous un champ magnétique de 100 Oe en fonction de la température mesurée sur différents films recuits est représentée sur la *Figure 3.63*. Les courbes ont été réalisées en FCC (refroidissement sous champ magnétique) et FCW (réchauffement sous champ magnétique). Différents comportement sont observés :

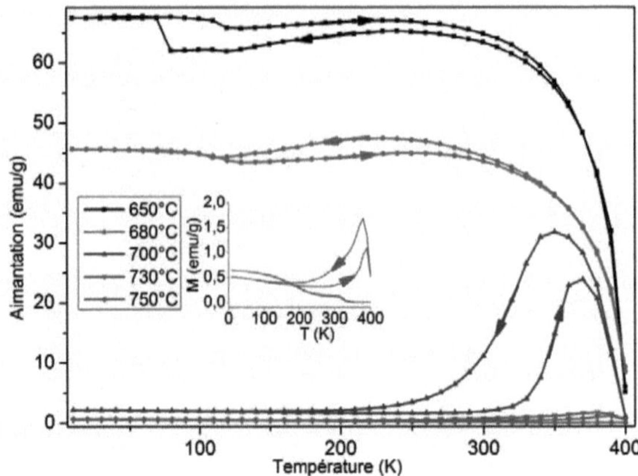

Figure 3.63: courbes thermomagnétiques mesurées avec un Squid sous 100 Oe de films recuits à différentes températures.

▶ Les films recuits à une température égale ou inférieure à 680°C présentent des températures de transformation caractérisées par une hystérésis magnétique à des températures nettement inférieures à l'ambiante. La phase martensitique est magnétique, mais d'intensité moindre que pour la phase austénite. Un saut d'aimantation est également remarqué vers 80 K pour l'échantillon recuit à 650°C. Ceci est attribué à un réarrangement de macles martensitiques par le champ magnétique.

▶ Les films recuits à 700°C montrent une transformation de phase autour de l'ambiante avec un comportement faiblement magnétique pour la martensite et ferromagnétique pour l'austénite. Les températures de transformation sont en accord avec les analyses en composition et les observations MEB présentées ci-dessus. Une étude approfondie des propriétés physiques et fonctionnelles de l'échantillon possédant ce changement d'état magnétique lors de la transformation de phase (recuit à 700°C) sera présentée dans les chapitres suivants.

▶ Les films recuits à 730°C ou au-delà sont faiblement magnétiques avec des températures de transformation cependant supérieures à l'ambiante (voir encart sur la Figure 3.20). Le film recuit à 730°C montre une transition vers une phase austénitique plus fortement magnétique. Cette transformation se produit à une température proche de l'ambiante mais la phase austénitique est cependant très faiblement magnétique (< 2 emu/g).

▶ L'échantillon recuit à 750°C présente un comportement particulier. Il montre en effet trois états magnétiques en fonction de la température. Il est alors important de rappeler que les analyses DRX et MEB ont montré que l'échantillon est biphasé. On peut donc supposer que les deux transitions observées sont simplement dues à des transformations de Curie. Avec pour la première, la température de Curie de la martensite, et pour la deuxième soit la température de Curie de l'austénite soit celle de la phase secondaire.

Finalement, il ressort de cette étude que le film recuit une heure à 700°C présente des propriétés magnétiques et des températures de transformation désirées.

V)   Conclusion

La maîtrise de la composition est très importante pour contrôler la température de transformation structurale et l'arrangement magnétique de chaque phase ferromagnétique ou antiferromagnétique.

Diverses études ont été entreprises sur un bâti mono-cible et nous ont permis de mieux comprendre la microstructure, le type de croissance ainsi que les contraintes internes générées en fonction des conditions de dépôt telles que la puissance et la pression. Ainsi il a pu être montré que l'utilisation d'une pression élevée (3.10^{-2} mbar) conduit à un film poreux qui s'oxydera facilement lors d'un recuit *ex-situ*. Une première étude de l'influence des conditions de dépôt sur les contraintes internes du film montre que celles-ci sont plutôt reliées à la pression et non à la puissance de dépôt.

L'utilisation de la co-pulvérisation s'avère être la méthode la plus simple pour obtenir les compositions voulues. Ainsi, l'utilisation d'une seconde cible d'In a permis de compenser les pertes de cet élément dues à sa faible enthalpie de vaporisation. Enfin, il a été montré que le substrat engendrait aussi des contraintes qui pouvaient bloquer la transition structurale et qu'un dépôt réalisé vers 400°C pouvait montrer une dissociation de phases empêchant l'obtention de la composition voulue pour le film.

Un travail a donc été effectué afin d'obtenir des films libérés par dépôt à température ambiante suivi d'un recuit ex-situ. L'étude a montré les relations très étroites entre la composition et les propriétés physiques du film, avec notamment une dépendance marquée des températures de transformation structurales ainsi que des états magnétiques des deux phases avec la température de recuit. Nous avons alors pu obtenir *in fine* un film libéré avec la composition et la structure désirées et les transformations magnétostructurales attendues après un recuit à 700°C.

Chapitre IV : Structure, microstructure et magnétostructure de films libérés

Dans ce chapitre vont être développées les structures atomiques, microstructurale et magnétiques de films libérés et recuits, principalement ceux présentant une transformation structurale à température ambiante tel que les deux films de la Figure 4.64. Nous présenterons des images MEB de grains martensitiques et austénitiques de ces films.

Deux films de composition différente de celle recherchée seront également étudiés. La différence entre macles martensitiques et plasticité sera ensuite expliquée. Puis, nous analyserons l'orientation de différents grains austénitiques par EBSD pour mieux comprendre la plasticité observée. Enfin une étude en MFM nous permettra d'accéder à l'état magnétique des phases austénitiques et martensitiques. Cette première investigation permet d'envisager de futures études couplant l'analyse MFM avec d'autres mesures telles que l'EBSD ou l'imagerie MEB, ou en appliquant un champ magnétique et/ou une température variable pendant une caractérisation en MFM.

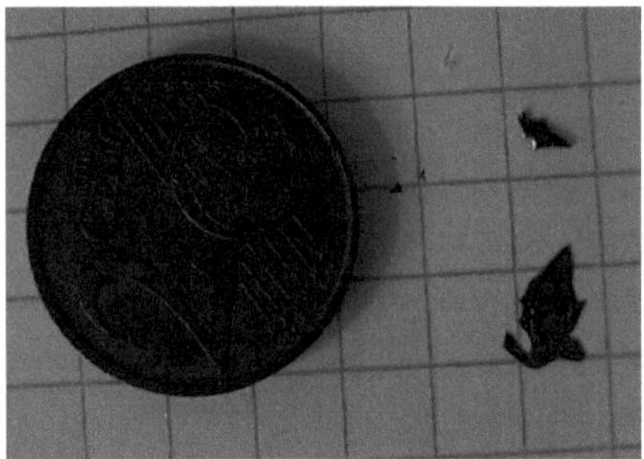

Figure 4.64 : Photographie de deux films libérés et recuits de composition $Ni_{45,2}Co_{4,7}Mn_{36,2}In_{13,9}$ (le quadrillage correspond à des carrés de $5x5mm^2$).

I)   Analyse structurale par diffraction des rayons X

La phase Heusler austénite cristallise dans une structure cubique. La littérature rapporte les paramètres de mailles de cette structure pour une large gamme de composés avec différents éléments et stœchiométries (R. Vishnoi, 2011) (R. Niemann, 2010) (Y.Z. Ji, 2011) (R. Y. Umetsu, 2011). Une analyse par diffraction des rayons X du film polycristallin de composition $Ni_{45,2}Co_{4,7}Mn_{36,2}In_{13,9}$ permet d'identifier facilement cette phase ainsi que ses paramètres de maille. Comme le montre la Figure 4.65, le film présente principalement une phase austénitique à température ambiante de type $L2_1$. De plus, l'intensité relative de la raie [200] par rapport à la raie [111] montre que la structure est réduite à un type B2 (occupation irrégulière du sous réseau YZ par des atomes Y ou Z).

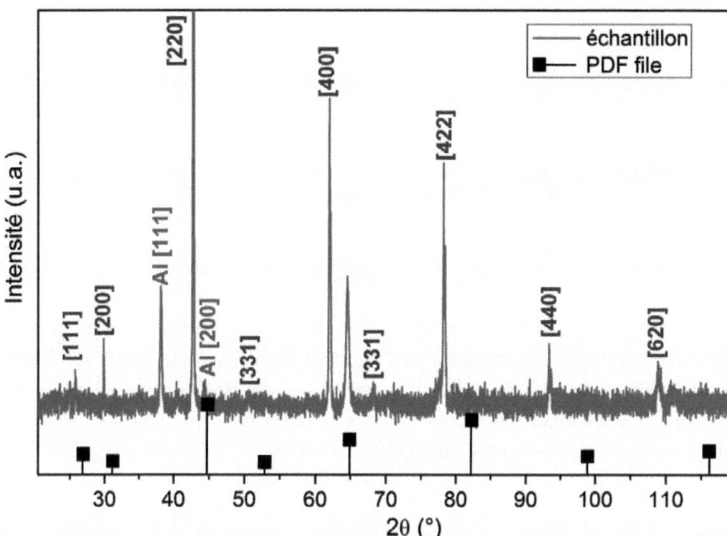

Figure 4.65 : Diagramme DRX d'un film libéré à transition magnétostructurale. La DRX est réalisée à température ambiante. Les orientations de l'austénite sont notées en bleu, celles du support en aluminium en vert. Les carrés noirs en bas représentent un fichier PDF de l'austénite de stœchiométrie $Ni_{41}Co_9Mn_{37}In_{13}$ (J. Liu, 2008). Le pic centré sur $2\vartheta=64,5°$ n'a pas pu être identifié mais a déjà été observé comme artefact sur d'autres mesures.

Le paramètre de maille de la phase austénitique cubique vaut 5,985 Å. On peut observer que les pics du diagramme sont en bon accord avec ceux de la littérature, avec un décalage vers de plus petits angles, puisque en effet notre paramètre de maille est supérieur à celui référencé ici (J. Liu, 2008), qui est de 5,740 Å. Ce diagramme est également en accord avec ceux de la littérature, notamment (R. Niemann, 2010) et (R. Y. Umetsu, 2011).

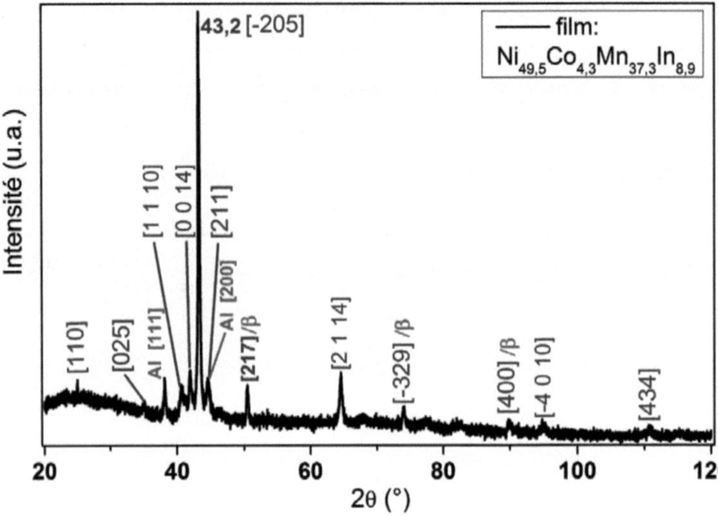

Figure 4.66: Diagramme DRX d'un film libéré à transition magnétostructurale au-dessus de la température ambiante (de composition Ni$_{49,5}$Co$_{4,3}$Mn$_{37,3}$In$_{8,9}$). La DRX est réalisée à température ambiante. Les orientations de la martensite sont notées en violet, celles du support en aluminium sont notées en vert. On notera que le pic principal est centré sur 2ϑ=43,2° et non 42,7° comme pour l'austénite.

L'étude en DRX a été réalisée sur un second film qui présente une proportion plus importante de martensitique à température ambiante Figure 4.66. Un calcul avec le logiciel CelRef à partir de ce diagramme, en fixant une structure triclinique avec α et γ à 90°, donne une structure modulée avec a$_M$ = 4,38 Å; b$_M$ = 5,71 Å; c$_M$ = 30,16 Å et β = 93,4°. Les orientations indiquées sur la Figure 4.66 sont basées sur cette phase. Des observations au MET sont nécessaires pour confirmer cette structure, mais ces résultats sont en accord avec certaines études présentées dans la littérature. Par exemple des phases austénitique avec a$_A$' = 5,98 Å et martensitique 14M avec a$_M$' = 4,40 Å; b$_M$' = 5,56 Å; c$_M$' = 30,12 Å et β$_M$'=93,18° ont été déterminées sur un fil de composition Ni$_{45}$Co$_5$Mn$_{36,8}$In$_{13,2}$ (Y.Z. Ji, 2011). Notons cependant que le groupe de R. Niemann (R. Niemann, 2010) trouve, pour un film épitaxié de composition Ni$_{48}$Co$_5$Mn$_{35}$In$_{12}$, une phase austénitique avec a$_A$'' = 5,94Å ainsi qu'une phase martensitique 14M avec a$_M$'' = 6,33 Å; b$_M$'' = 5,94 Å et c$_M$'' = 38,92 Å. Une étude DRX et/ou aux neutrons en fonction de la température permettra de mieux distinguer la phase austénitique de celle martensitique et de préciser la structure cristallographique de cette dernière. Alors que des mesures de DRX à basses températures ont été entreprises sans obtention de résultats probants. Des mesures de diffraction aux neutrons de massif de composition $Ni_{45}Co_5Mn_{37,5}In_{12,5}$ sont en cours de dépouillement et permettront d'affiner les structures cristallographiques et magnétiques de la martensite.

II)   Analyse de la microstructure et de l'orientation des grains par EBSD

A) Importance de la composition sur la structure à température ambiante : état martensitique ou austénitique

Selon les conditions de dépôt et de recuit, les microstructures obtenues peuvent être très variables. Les observations au MEB de plusieurs films montrent en effet divers types de grains. Commençons par des films libérés comme ceux présentés à la fin du chapitre III, paragraphe IV). Ces films ont été élaborés dans des conditions proches de celles du film ayant une composition $Ni_{45,2}Co_{4,7}Mn_{36,2}In_{13,9}$, mais avec une puissance plus importante sur la seconde cible d'In (12 W au lieu de 6 W). Un recuit *ex situ* plus long, soit 5 h à 700°C, a entraîné deux types de films :

♦ un premier film de stœchiométrie $Ni_{40,5}Co_{4,1}Mn_{39,2}In_{16,2}$ qui présente des grains de quelques micromètres de diamètre (voir Figure 4.67 a)), avec des précipités d'oxyde et sans macles. Ce film se trouve dans un état austénitique.

♦ un second film de stœchiométrie $Ni_{46,4}Co_{5,1}Mn_{39,2}In_{9,3}$ avec une microstructure qui présente des grains de tailles similaires, maclés, donc dans un état martensitique (voir Figure 4.67 b)).

La microstructure du film avant recuit, globalement compacte, est à l'origine de la faible évaporation d'indium lors du recuit. Un effet de porosité locale est supposé à l'origine de la perte d'indium dans le second film

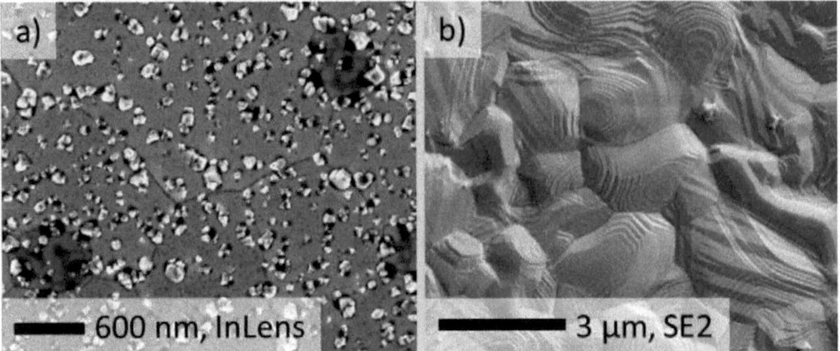

Figure 4.67 : Microstructures observées par MEB de deux films de composition a) $Ni_{40,5}Co_{4,1}Mn_{39,2}In_{16,2}$ et b) $Ni_{46,4}Co_{5,1}Mn_{39,2}In_{9,3}$ recuits dans les mêmes conditions.

B) Film $Ni_{45,2}Co_{4,7}Mn_{36,2}In_{13,9}$ à transition structurale à température ambiante : microstructure et analyses EBSD

1) Microstructure des grains après cristallisation par recuit ex-situ

Nous allons maintenant étudier en profondeur les films de composition $Ni_{45,2}Co_{4,7}Mn_{36,2}In_{13,9}$. Ces derniers présentent une transition structurale à température ambiante. Les grains ont un diamètre proche de ou supérieur à la dizaine de micromètres. L'épaisseur du grain est celle du film, soit 4,5 micromètres. La surface des grains est assez lisse (Figure 4.68 a)), mais notons qu'un léger affaissement apparaît au niveau des joints de grains, comme on le verra en AFM dans une prochaine partie de ce chapitre.

Observés en tranche (Figure 4.68 b)), ces grains présentent deux morphologies particulières caractéristiques de ce film :

- un aspect en mille-feuilles, strié, mais suivant potentiellement différentes directions, qui est dû à une cristallisation en empilement de plaquettes.

- un aspect de surface plane parsemée de multiples pores, attribué à une porosité originelle due au mode d'élaboration du film. Le film a été déposé à faible pression avec une croissance colonnaire et une porosité conséquente accentuée lors du recuit ex-situ.

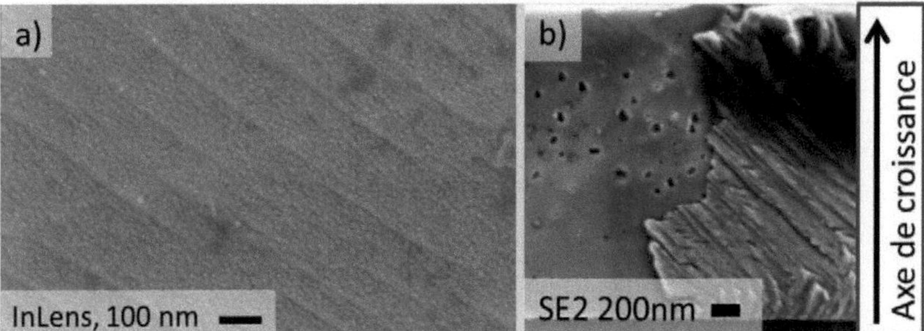

Figure 4.68 : a) surface topographique caractéristique des films de composition $Ni_{45,2}Co_{4,7}Mn_{36,2}In_{13,9}$. Une rugosité d'une dizaine de nanomètres est observée qui donne un aspect "peau de crocodile". A noter également les multiples failles alignées parallèlement, dues à des déformations plastiques. b) Vue en tranche du même échantillon, avec deux types de grains visibles : un d'aspect « mille-feuilles » et un avec de multiples pores.

2) *Différentiation entre macles martensitiques et terrasses de plasticité*

Seuls certains grains montrent une surface plutôt lisse à grande échelle. Les autres grains montrent des signes de plasticité ou de maclage.

Deux types de terrasses se propageant sur tout le grain ont pu être identifiés : des terrasses droites (Figure 4.69 c)) et des terrasses ondulées (Figure 4.69 d)). Les terrasses sont des glissements de plans atomiques dus à une contrainte selon une certaine direction ou à une nucléation suivant une orientation particulière (tel l'aspect « mille-feuilles » observé lors des vues en tranche). Ces glissements se font suivant une direction particulière et les terrasses sont donc séparées par des distances approximativement constantes. Des mesures EBSD nous permettront de connaitre l'orientation de ces terrasses.

Les macles de martensite peuvent avoir différentes directions sur un même grain. Elles sont cependant regroupées en domaines de même orientation, fonction de leurs accommodations à l'austénite (Figure 4.69 a)). Elles peuvent être soit rectilignes soit légèrement ondulées. Elles peuvent aussi être d'épaisseurs différentes dans un domaine donné, et même le long d'une seule et même macle. De plus l'épaisseur des macles peut atteindre des grandeurs plusieurs fois supérieures à celles des terrasses (Figure 4.69 b)). Les macles et les terrasses peuvent se propager au-delà des joints de grains sur le grain voisin et peuvent être présentes simultanément sur un seul et même grain (entouré en rouge sur la Figure 4.69).

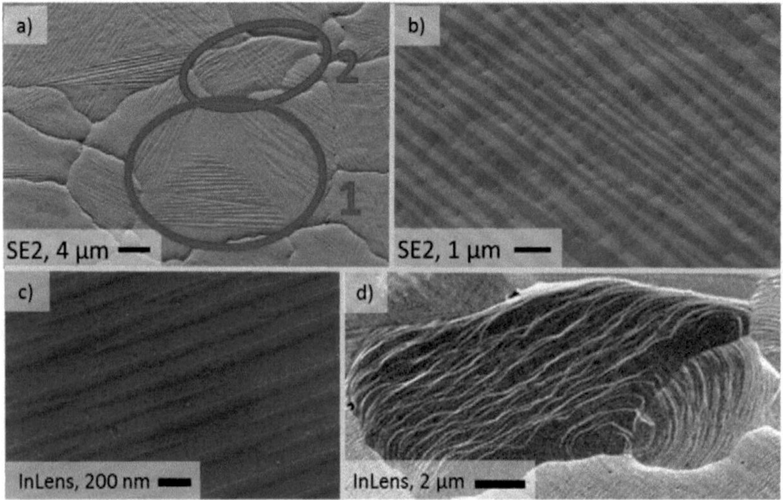

Figure 4.69 : Images MEB d'un film à transition magnétostructurale. Les grains font typiquement plus d'une dizaine de micromètres de diamètre. a) Différents domaines de macles sur un même grain (entouré en violet, 1) et superposition de macles et de variantes sur un autre grain (entouré en rouge, 2) ; b) Macles pouvant varier en épaisseur avec des défauts liés à la porosité (le contraste de gris est dû à une légère inclinaison entre deux variantes) ; c) Grossissement sur les terrasses de plasticité (le contraste semble plus topographique comme le confirmeront les observations AFM) ; et d) Vue générale d'un grain montrant des terrasses très ondulées.

3) *Analyse de l'orientation des grains à l'aide de l'EBSD*

La première information donnée par les mesures EBSD (diffraction d'électrons rétrodiffusés) est une confirmation de la structure de la phase austénite. Ainsi nous avons pu utiliser pour nos analyses une fiche d'une structure cubique de Ni_2MnGa avec un paramètre de maille de 5,8 Å. Il est important de rappeler qu'aucun traitement préalable de l'échantillon n'a été réalisé avant l'analyse. Par conséquent, celui-ci ne présente pas une planéité parfaite. Les analyses EBSD ne sondent l'orientation structurale que sur les premiers 10 nm des grains.

Nous remarquons, d'après la Figure 4.70, qu'aucune orientation particulière n'est privilégiée. Les joints de grains ne sont en général pas identifiés comme de l'austénite, cependant la résolution de l'acquisition n'est pas suffisante pour affirmer qu'ils représentent une autre phase. Nous observons surtout que des zones noires s'étalent sur une surface considérable et au travers de plusieurs grains. Cette zone est constituée de la phase martensitique dont la structure exacte reste encore inconnue. C'est pourquoi l'orientation de cette phase ne peut être analysée, malgré le fait qu'elle diffracte des bandes de Kikuchi.

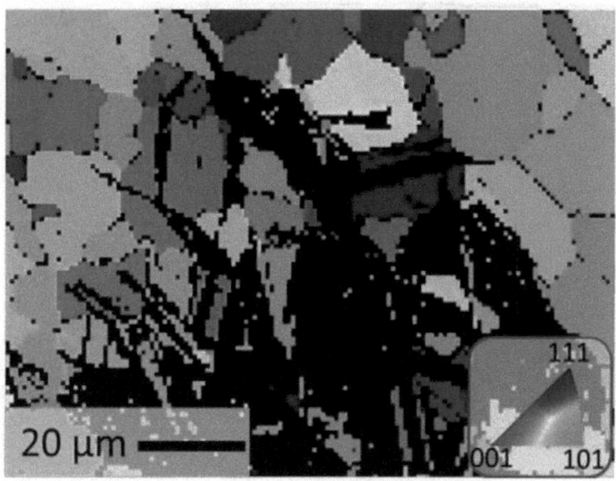

Figure 4.70 : Image réalisée par EBSD. Chaque grain est composé d'une couleur unique, preuve que chacun est proche d'un monocristal. L'orientation du cristal dans la direction z perpendiculaire au plan est indiquée par sa couleur, indexée en bas à droite. En noir sont indiquées les phases qui ne correspondent pas à de l'austénite et peuvent être des joints de grains, des défauts ou de la martensite.

4) *Contraintes induites par le refroidissement à température ambiante après recuit*

Une analyse EBSD réalisée sur une autre zone présentant beaucoup de terrasses nous permet d'étudier la plasticité de nos films. La Figure 4.71 montre une zone contenant de multiples terrasses, orientées dans des directions différentes. Les grains austénitiques, en couleur, montrent également diverses terrasses. Nous remarquons que certains grains sont traversés par des macles martensitiques, représentées en noir sur les Figure 4.71 b) et c).

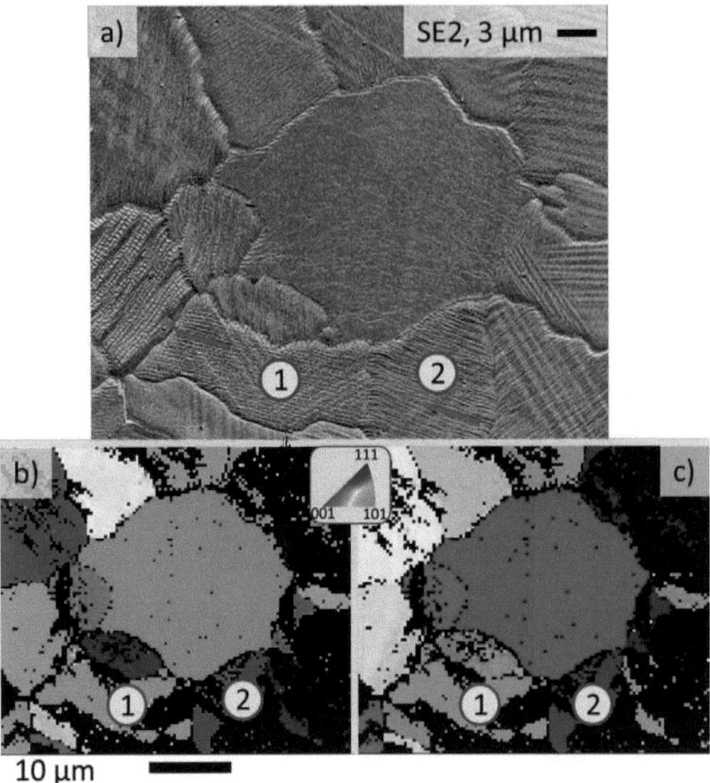

Figure 4.71 : Images EBSD montrant (a) la topographie, et l'orientation des grains austénitiques b) suivant z, la normale au plan et c) suivant l'horizontale.

Le sens des terrasses des grains 1 et 2 est indiqué à l'aide de traits rouges sur la Figure 4.71 a). Nous pouvons constater que les marches de ces deux grains suivent une même direction, alors que les grains présentent des orientations structurales différentes parallèlement et perpendiculairement au plan. Nous pouvons donc en conclure que ces terrasses de plasticité ne sont pas dues à une orientation particulière du grain mais à des contraintes internes, induisant une déformation plastique du grain lors du refroidissement après recuit. Nous constatons également que les terrasses peuvent prendre différentes orientations pour les différents grains. Ceci montre que les contraintes lors du refroidissement ne sont pas unidirectionnelles. Notons aussi que macles et terrasses peuvent se superposer au sein d'un seul et même grain.

III)   Analyses des propriétés topographiques et magnétiques de la phase austénite et de la phase martensite par AFM et MFM.

Des observations par AFM (microscope à force atomique) permettant d'analyser la topographie du film ont été couplées avec des observations par MFM (AFM avec pointe magnétique) qui permettent de mesurer les variations d'aimantation et donc de visualiser les domaines magnétiques des phases présentes dans le film. Ces mesures ont également été couplées à des mesures en EBSD.

A) Topographie des macles et des terrasses

Les analyses AFM mesurent directement la hauteur de l'échantillon sur la zone scannée, plus la zone scannée sera grande plus les risques de dérive de la mesure de la hauteur seront importants. Les mesures de la variation de hauteur le long d'une direction vont nous permettre de distinguer quantitativement les macles et les terrasses. Pour cela quatre mesures ont été effectuées : deux suivant des macles et deux suivant des terrasses. Les variations de hauteur mesurées sont représentées sur la Figure 4.72. A l'aide du logiciel de traitement de données Gwyddion, nous avons pu représenter schématiquement la variation de la hauteur des distances parcourues. La hauteur initiale de chaque mesure a été prise comme égale à 0 afin de les comparer. Seules les variations de hauteur sur de courtes distances sont à prendre en considération. La variation globale dépend d'autres paramètres comme l'inclinaison de l'échantillon. Nous constatons sur la Figure 4.72 que les variations de hauteur entre deux macles sont de 20 nm alors qu'elles sont en moyenne de 10 nm entre deux terrasses. Les variations de hauteur sont logiquement corrélées à l'image topographique avec des terrasses assez semblables entre elles, rapprochées et également réparties alors que les macles peuvent présenter de grandes différences de géométrie et de répartition (distance 1, Figure 4.72 notamment).

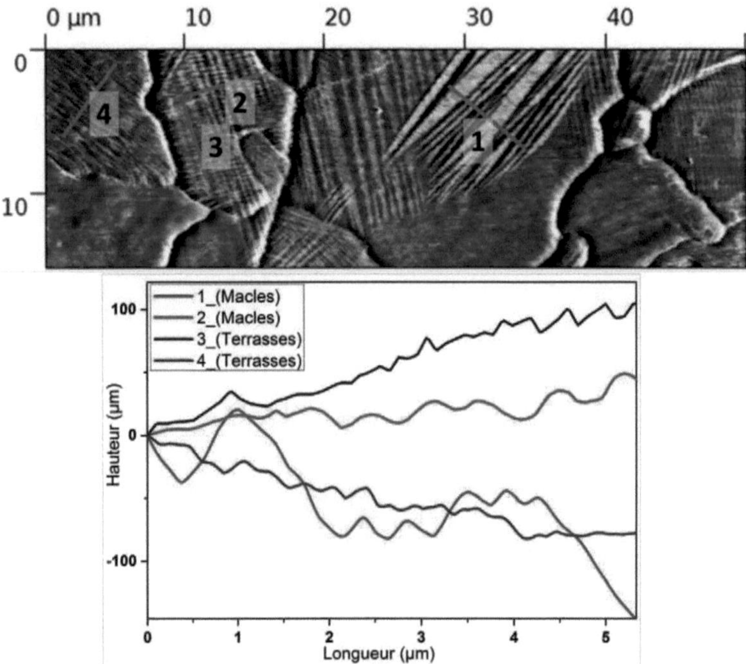

Figure 4.72 : haut) Image AFM avec des macles et des terrasses. Des mesures de variation de hauteur ont été réalisées sur deux domaines de macle différents (1 et 2) et sur deux types de terrasses (3 et 4). Bas) Représentation graphique de ces variations de hauteur sur ces quatre distances.

B) Observation de domaines magnétiques dans la phase austénite

Des observations AFM, MFM et EBSD ont été réalisées sur la même zone du film, comme montré sur la Figure 4.73. Nous observons que les grains de martensite identifiés en EBSD possèdent des macles sur les images acquises en AFM. Aucun contraste n'est observé sur les images MFM au sein d'une macle de martensite. Ces observations ne permettent pas de conclure si la martensite est paramagnétique, antiferromagnétique ou faiblement ferromagnétique.

Enfin, l'observation AFM montre que les macles des domaines martensitiques se propagent facilement sur les grains voisins, en changeant la direction de propagation en accord avec l'orientation cristallographique de l'austénite. Il s'agit là d'une différence notable avec les terrasses, qui, lorsqu'elles se propagent, ne le font que sur les grains voisins immédiats. Ceci a été observé sur de nombreuses images MEB.

En comparant les images EBSD et MFM de la Figure 4.73 nous observons également que les grains austénitiques, représentés avec différentes couleurs en EBSD fonction de leur orientation structurale suivant la normale au film, montrent tous des domaines magnétiques. Ces domaines sont de divers aspects, notamment rectilignes et labyrinthiques. Le type de domaine magnétique dépend certainement de l'orientation de l'austénite, comme par exemple les directions de facile aimantation. Malheureusement nous n'avons pu réaliser un nombre suffisant d'acquisitions pour permettre une réelle étude statistique sur ce sujet. Notons aussi que l'observation des domaines magnétiques et d'orientation structurale se fait uniquement en surface.

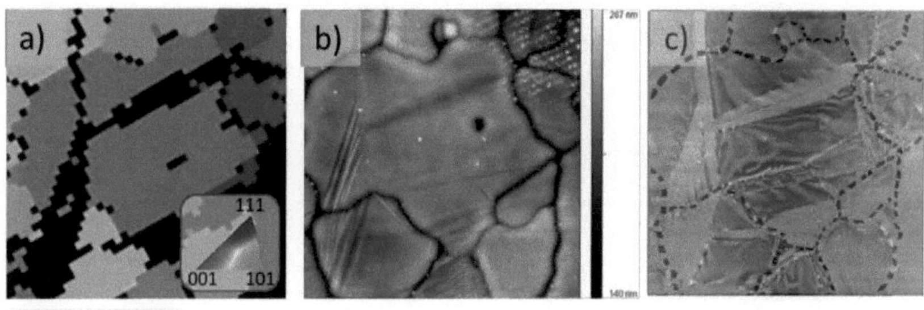

Figure 4.73 : Images d'une seule et même zone d'un film acquises à l'aide de trois méthodes : a) en EBSD pour montrer l'orientation des grains austénitiques alors que les grains martensitiques apparaissent en noir, b) en AFM pour montrer la topographie (les rayures parallèles en haut à droite sont attribuées à une contamination lors de l'acquisition EBSD) et c) en MFM pour montrer les variations d'orientations magnétiques des domaines magnétiques ou une certaine planéité sur les domaines martensitiques non magnétiques.

C) Effet du champ magnétique sur les phases ferromagnétiques

L'effet du champ magnétique sur le film a pu être directement observé par MFM, grâce à une bobine créant un champ magnétique suivant la normale de la surface de la couche. Une inversion des contrastes se produit lorsque le champ est supérieur à 30 mT très certainement due à une inversion de l'orientation magnétique de la sonde. Nous avons observé un réarrangement progressif des domaines magnétiques avec un alignement des domaines suivant une direction particulière (voir zone entourée en blanc sur la Figure 4.74). Cette direction n'a pas été identifiée et peut être liée aux lignes de champ, à l'anisotropie magnétique de l'austénite ou à un couplage de ces deux effets physiques.

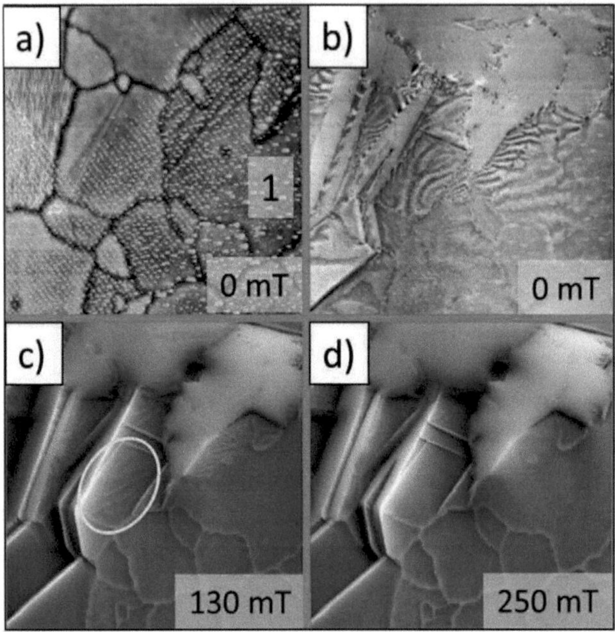

Figure 4.74 : a) image AFM montrant des joints de grains, des terrasses et des macles martensitiques (les points alignés parallèlement sont dus à une contamination après analyse EBSD) et images MFM de la même zone b) sans champ magnétique appliqué, c) sous 130 mT puis d) sous 250 mT. Des réarrangements de domaines magnétiques (entourés en blanc) sont observés à 130 mT et la disparition de certains domaines se poursuit jusqu'à 250 mT. L'application d'un champ magnétique renforce les contrastes austénite/martensite ainsi que les joints de grains.

Les domaines magnétiques s'alignent avec le champ et disparaissent progressivement lorsque le champ varie de 60 à 250 mT. Lors de l'application d'un champ magnétique, nous observons également un renforcement des contrastes entre les grains austénitiques (magnétiques) et les joints de grains ainsi que les grains martensitiques. Le renforcement du contraste au niveau des joints de grains est attribué aux champs de fuite. En effet, les joints de grains étant moins épais que le reste du film, le champ magnétique se reboucle au niveau des joints de grains. De même, le contraste entre l'austénite et la martensite s'accentue avec l'augmentation de l'aimantation de l'austénite. En revanche, aucune transformation magnétostructurale de la martensite en austénite n'a pu être observée par effet du champ magnétique, même pour des champs aussi intenses que 2 T. Nous expliquons cela par l'effet d'hystérésis. L'échantillon a en effet subi un recuit non suivi d'un refroidissement en dessous de 300 K nécessaire à une transformation totale du film en martensite. Celui-ci se trouve alors dans un état où la transformation de la martensite en austénite se fait hors équilibre thermodynamique. La fraction volumique dans l'état martensitique est donc minimale, comme expliqué plus précisément dans le chapitre VI de cette thèse. L'application d'un champ magnétique n'engendre alors la transformation que d'une faible portion de martensite en austénite.

IV)   Observations microstructurales de la transformation de phase

A) Nucléation et propagation de la martensite

Les observations microstructurales et magnétostructurales précédentes ont montré la présence des deux phases qui peuvent coexister au sein d'un même grain. Par ailleurs, la croissance d'un germe de martensite peut se poursuivre au-delà d'un joint de grain, quitte à changer légèrement la direction de croissance dans le grain voisin, avant même de s'étendre au grain entier initial car la direction de propagation des interfaces est plus favorable d'un point de vue cristallographique. Il apparaît alors des zones martensitiques, s'étalant sur plusieurs grains de façon rectiligne et coexistant avec des zones austénitiques (Figure 4.70). La propagation des interfaces austénite martensite est très rapide, et peut atteindre la vitesse du son (J.A. Krumhansl, 1992). Nous avons observé en microscopie optique des disparitions et nucléations de martensite, en chauffant et refroidissant le film à 0°C à l'aide d'un module à effet Peltier. Celles-ci se produisent de manière quasi instantanée (t < 100 ms) (voir Figure 4.75). Les variantes de martensite se propagent sur plusieurs grains en changeant de direction afin de satisfaire les conditions d'accommodations de la martensite sur l'austénite. Ces changements de directions sont visibles en MFM sous champ, où la martensite non magnétique se distingue très bien de l'austénite ferromagnétique (Figure 4.74 d)).

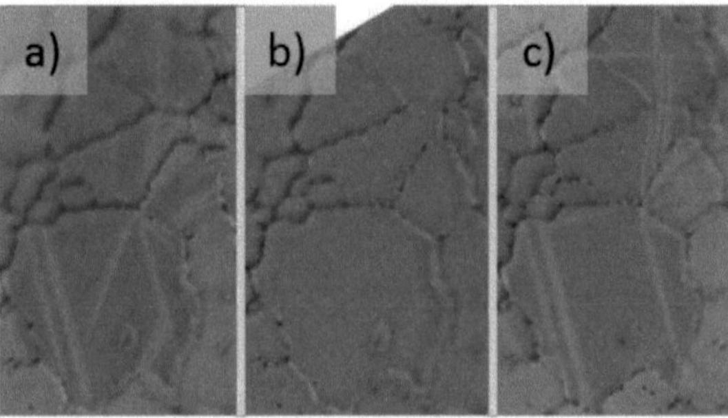

Figure 4.75 : Observations de grains en microscopie optique a) en refroidissant à 0°C, b) en chauffant à quelques dizaines de kelvin au-dessus de la température ambiante et c) en refroidissant à nouveau à 0°C. Le changement de température a été produit à l'aide d'un module à effet Peltier.

B)   Transformation structurale à température ambiante induite par application d'un champ magnétique

L'échantillon a d'abord été refroidi à 50 K sous vide secondaire (Figure 4.76 a et b) afin d'obtenir la proportion la plus importante possible de martensite pour l'image de référence. Une première campagne d'observation par MFM de transformation structurale par application d'un champ magnétique de 2 T avec l'utilisation d'une bobine intégrée au MFM n'a donnée aucun résultat. Nous avons alors appliqué un champ magnétique de 4 T, dans une direction parallèle au plan de la surface du film en utilisant une bobine supraconductrice externe à l'AFM. Il apparait alors clairement que certains domaines magnétiques ont évolué en surface après application du champ, preuve d'une transformation structurale irréversible induite par le champ magnétique. De même, nous constatons que beaucoup de macles ont disparues après application du champ magnétique. Effectivement l'équation de Maxwell (ci-dessous) montre que l'application d'un champ magnétique ΔH induit une transformation de phase en décalant les températures de transformation de ΔT de façon proportionnelle à la différence d'aimantation ΔM et d'entropie ΔS entre l'état initial et l'état:

Équation 4.8
$$\frac{\Delta T}{\Delta H} = \mu_0 \frac{\Delta M}{\Delta S}$$

Il est donc nécessaire d'améliorer la composition du film pour réduire l'hystérésis thermique et obtenir des variations importantes de ΔM à une température donnée. Il est également nécessaire de refroidir l'échantillon afin de se trouver dans une situation, sur le cycle d'hystérésis, où la transformation structurale induite par le champ magnétique reste thermodynamiquement stable à température constante. Les nombreux changements des propriétés physiques induits par cette transformation sous champ magnétique laissent entrevoir de multiples applications dans le domaine des MEMS par exemple.

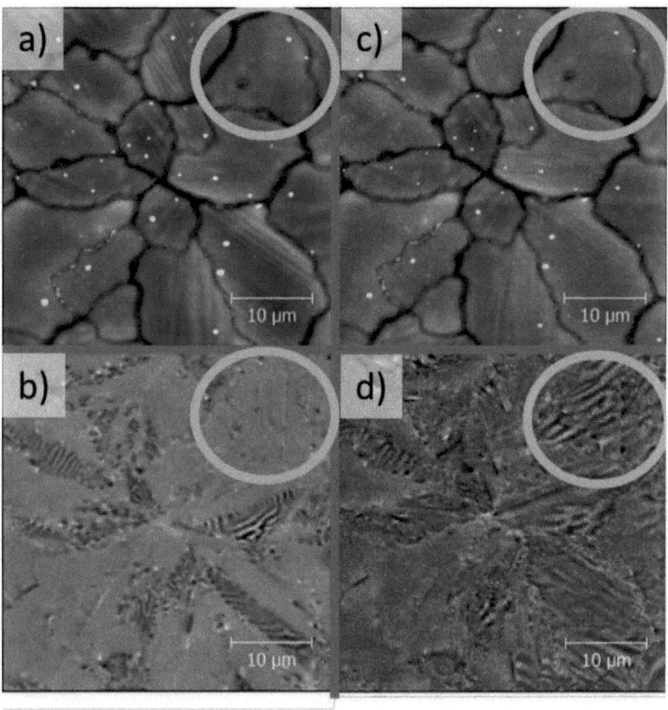

Figure 4.76: Analyse d'un film après refroidissement à 50 K sous vide secondaire : a) en AFM et b) en MFM. Analyse après application d'un champ magnétique de 4 T : c) en AFM et d) en MFM. Plusieurs grains, dont celui entouré en vert, montrent clairement une transition avec une apparition de domaines magnétique en d).

V)   Perspectives

Grâce au film polycristallin de type Heusler, nous avons pu coupler plusieurs méthodes d'analyses comme le MFM sous champ magnétique, l'EBSD et la microscopie électronique à balayage. Des études plus approfondies peuvent permettre de lier l'aspect des domaines magnétiques (rectiligne ou labyrinthique) à l'orientation structurale du grain austénitique. Il sera alors possible d'étudier la présence éventuelle d'anisotropie magnétique dans cette structure ainsi que son comportement sous champ magnétique. Nous pouvons aussi supposer que l'utilisation de microscopie à force magnétique sous champ à basse température (< 300 K) peut permettre d'en apprendre plus sur le blocage de la phase austénite par le champ magnétique qui sera plus profondément étudiés dans le dernier chapitre de ce manuscrit. Enfin, des études sur les réarrangements de macles martensitiques sous pression uniaxiale d'un massif de type Heusler Ni-Co-Mn-In sont également envisageables à l'aide de ces différentes mesures.

VI)   Conclusion

Nous avons pu étudier la structure des phases en présence dans notre échantillon. Nous avons ainsi montré que la phase austénitique a une structure cubique de type $L2_1$ avec un sous-ordre B2. La phase de la martensite, de symétrie moindre, est beaucoup plus difficile à analyser, mais semble correspondre à une structure triclinique modulée en accord avec ce qui est obtenu dans la littérature principalement dans les massifs.

Des analyses EBSD ont confirmé la structure de l'austénite Chaque grain possède une orientation unique sans lien particulier avec les autres. Des observations MEB ont permises de mettre en évidence la présence de terrasses dues aux déformations plastiques (principalement lors du refroidissement après recuit) et de macles dans les domaines martensitiques. Terrasses et macles sont nécessaires pour relâcher les contraintes internes et faciliter l'accommodation de la martensite sur l'austénite.

Des études AFM et MFM ont montré que la phase austénite est ferromagnétique avec présence de domaines magnétiques de taille et d'orientation variables selon l'orientation cristallographique des grains. L'application d'un champ magnétique lors de mesures MFM a pour conséquence l'alignement des domaines magnétiques avec le champ, induisant un renforcement de contraste entre l'austénite et les joints de grains ou entre l'austénite et la martensite.

Ces différentes études AFM et MFM nous ont permis de visualiser la transformation martensitique au sein du grain. La martensite nuclée dans une région particulière du film, avant de se propager. Nous pouvons supposer que certains défauts, structuraux ou d'inhomogénéités dans la composition, sont à l'origine de cette nucléation initiale. La martensite se propage de manière rectiligne dans le grain et peut éventuellement s'étendre dans le grain voisin avant de coloniser le grain entier. Nous supposons que ce mécanisme est lié à l'anisotropie cristalline de la martensite qui rend plus facile la propagation de la phase adaptative dans une direction particulière, même au travers de joints de grains, que parallèlement au plan.

Enfin, nous avons aussi pu montrer que l'application d'un champ magnétique de 4 T permet la transformation structurale vers la phase austénite après avoir virginiser l'échantillon à température inférieure à 50 K. Il est alors nécessaire de refroidir préalablement l'échantillon afin que la nucléation d'austénite par l'application du champ magnétique suffisamment important puisse rester thermodynamiquement stable à température ambiante. L'emploi de ces couches dans des micro-dispositifs est donc tout à fait envisageable.

Chapitre V : Propriétés magnétiques de films Heusler de type Ni-Co-Mn-In

Ce chapitre traite du comportement magnétique des phases austénite et martensite des films de type Ni-Co-Mn-In. Il se base sur des mesures réalisées avec un magnétomètre à Squid décrit dans le chapitre 2. L'évolution des températures de transformation en fonction de la composition résultante sera abordée dans un premier temps. Le reste du chapitre se concentrera sur un film de composition $Ni_{45,2}Co_{4,7}Mn_{36,2}In_{13,9}$ qui présente une transition structurale à température ambiante avec une phase martensitique beaucoup moins magnétique que la phase austénite. Nous étudierons alors l'évolution de l'aimantation en fonction de la température, donc des proportions de phase austénite/martensite. Nous verrons ensuite quels sont les effets du champ magnétique sur la transition de phase, notamment sur les valeurs de A_s (*Austenite start*), A_f (*Austenite finish*), M_s (*Martensite start*) et M_f (*Martensite finish*). Un micro-dispositif basé sur la transition magnéto-thermique est également présenté dans ce chapitre. Comme la transformation de phase s'accompagne d'un changement d'état magnétique, nous avons étudié les propriétés magnétocaloriques par le calcul de la variation d'entropie en utilisant la méthode de Maxwell. Enfin, une étude sur l'évolution des propriétés physiques avec l'application d'une pression isostatique de quelques centaines de mégapascals a été entreprise. L'évolution de la variation d'entropie avec la température, la pression et le champ magnétique est décrite en fin de chapitre.

I)   Etude de la structure magnétique de films de type Heusler

A) Evolution du moment magnétique avec la composition

Les alliages Heusler de type Ni-Mn-X (X=Ga, In, Sn, …) possèdent une transformation martensitique qui s'accompagne d'un changement de l'état magnétique caractérisée par une chute de l'aimantation au cours de la décroissance en température. Ce saut d'aimantation persiste souvent pour des champs supérieurs à plusieurs teslas. Notons tout de même le cas des composés Ni-Mn-Ga qui présentent une aimantation dans l'état martensitique supérieure à l'état austénitique. Dans le cas des films Ni-Co-Mn-In, la diminution de l'aimantation avec la température est reliée à l'apparition d'un ordre antiferromagnétique (AF) associé à la diminution de la distance des atomes de Mn. Les interactions ferromagnétiques (FM) diminuent alors pour des températures inférieures à Ms (martensite start). Afin d'avoir un aperçu de la relation qui existe entre les propriétés magnétiques et électroniques, le moment magnétique moyen par atome µ, est présenté en fonction de e/a, pour une structure généralement cubique sur la

Figure 5.77 (S. Aksoy, 2010). La limite rouge représente la courbe de Slater Pauling pour les matériaux FM avec des électrons dans l'état 3d. Les cercles pleins noirs représentent des valeurs expérimentales et calculées des moments de matériaux de type Heusler et semi-Heusler de différentes stœchiométries qui cristallisent en principe dans une structure cubique centrée (I. Galanakis, 2002) (J. Rusz, 2006). La partie basse de la figure concerne les systèmes AF et montre µ pour un matériau à base de Mn cubique à faces centrées et des alliages $Ni_{50}Mn_{50}$ de structure $L1_0$. Pour les Heusler, µ peut augmenter ou diminuer suivant la valeur de e/a comme le montre la courbe de Slater Pauling. La diminution de µ avec l'augmentation de e/a dans les structures de types $L2_1$ peut être reliée à un accroissement des échanges AF.

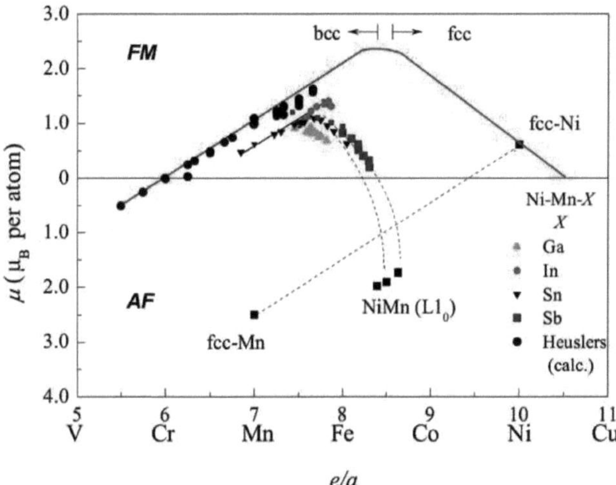

Figure 5.77 : Evolution du moment magnétique par atome µ, dans des alliages de type Heusler, avec le nombre d'électrons de valence e/a. La diminution du moment magnétique µ dans les alliages Ni-Mn-Sn et Ni-Mn-Sb lors de l'augmentation du e/a est due à des interactions antiferromagnétiques des atomes de Mn. Figure issue de (S. Aksoy, 2010).

B) Evolution de la transformation magnétostructurale avec la composition

L'effet de la composition sur les températures de transformation structurale ainsi que sur les états magnétiques des deux phases est très important (W. Ito, 2007). Nous avons vu dans le chapitre III que les compositions des films étaient très variables selon les conditions de dépôt et de recuit. Dans ce paragraphe deux films de composition différente sont présentés :

♦ le film de composition $Ni_{40,5}Co_{4,1}Mn_{39,2}In_{16,2}$, e/a = 7,65, présente des grains sans macle car il se trouve dans un état austénitique (confirmé par DRX).

♦ le film de composition $Ni_{46,4}Co_{5,1}Mn_{39,2}In_{9,3}$, e/a = 8,12, présente des grains maclés martensitiques.

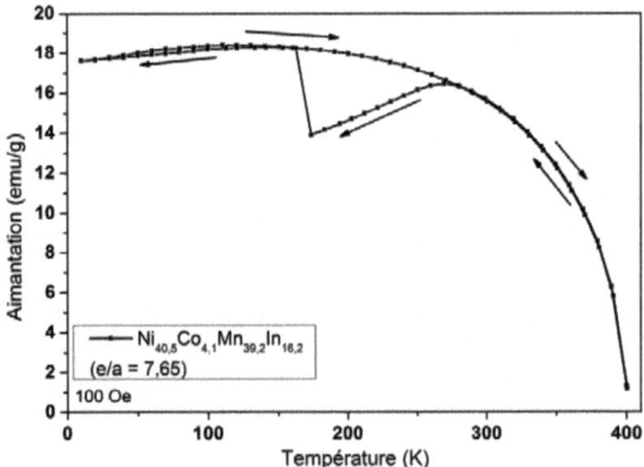

Figure 5.78 : Courbe thermomagnétique sous 100 Oe montrant une transformation structurale en dessous de la température ambiante. L'aimantation diminue lorsque la phase austénite se transforme en une phase martensite. Cependant, un réarrangement des variantes vers 170 K induit un saut d'aimantation. L'aimantation de la martensite orientée dans le champ est alors comparable à l'aimantation de l'austénite. La transformation martensitique commence vers 270 K.

Les mesures de l'aimantation en fonction de la température M(T) montrent des évolutions très différentes (Figure 5.78 et Figure 5.79). Les courbes M(T) ont été enregistrées sous un champ magnétique de 100 Oe. Le film dont le e/a est de 7,65 (Figure 5.78) présente une transition structurale qui ne commence que vers 270 K. Nous remarquons que l'aimantation diminue, jusqu'à un saut d'aimantation vers 170 K. Ce saut d'aimantation est très reproductible, mais peut se produire à différentes températures entre 170 et 200 K. Cette variation brutale de l'aimantation est attribuée à des réarrangements de variantes martensitiques, comme déjà observés dans la littérature sur des films de composition Ni_2MnGa (O. Heczko, 2002). Notons que la valeur de l'aimantation selon l'axe de facile aimantation de la martensite est comparable à la valeur de l'aimantation de l'austénite. Les deux phases ont donc ici un ordre ferromagnétique.

Le comportement du film dont le e/a est de 8,12 est très différent. Les températures de transformation structurale sont : A_S = 380 K, M_S = 400 K, A_f = 414 K, et M_f = 362 K. Ces températures de transformation sont déterminées selon la méthode des tangentes. Notons que les valeurs de M_S et A_f peuvent être perturbées par la proximité de la température de Curie. Pour ce film, la transformation structurale se produit donc à plus haute température. De plus, la phase martensitique est très faiblement magnétique comparée à la phase austénitique. Des interactions antiferromagnétiques importantes des atomes de Mn sont supposées à l'origine de cette baisse d'aimantation, alors que la phase austénite a un ordre principalement ferromagnétique. La différence d'aimantation est importante : en comparant avec les résultats trouvés dans la littérature (voir chapitre 1 Tableau 1.1), à 400 K, nous observons une diminution de 85% de l'aimantation entre austénite et martensite (($M_{Aust-Max}$ - $M_{Mart-Max}$)/$M_{Aust-Max}$) en chauffant depuis 300 K et de 96% en refroidissant l'échantillon depuis 450 K. Notons que la proximité de la température de Curie est peut-être responsable de la faible aimantation de la phase austénite ($\sim$ 9 emu/g sous 0,01 T).

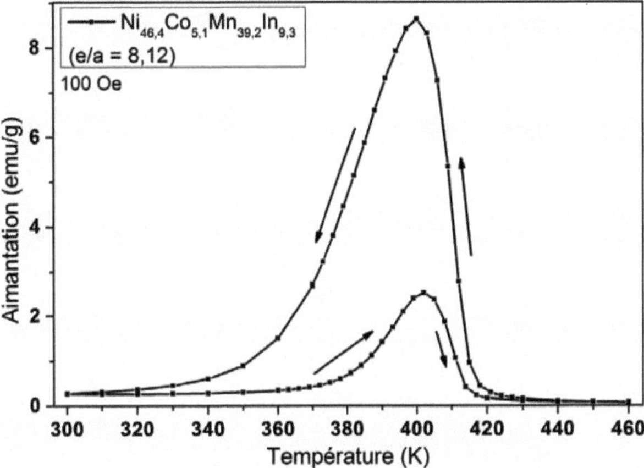

Figure 5.79 : Courbe thermomagnétique sous 100 Oe montrant l'évidence d'une transformation structurale au-dessus de la température ambiante, d'une phase austénite magnétique vers une phase martensite faiblement magnétique.

L'évolution des températures de transformation avec la valeur du e/a des films est en accord avec la tendance donnée par W. Ito *et al.* (W. Ito, 2007). Cependant, les températures de transformation structurale du film avec un e/a de 8,12 sont légèrement plus basses que celles prévues selon Ito et al.

C) Cas d'un film de composition $Ni_{45,2}Co_{4,7}Mn_{36,2}In_{13,9}$ (e/a = 7.9) avec une transformation structurale à température ambiante vers une phase martensitique faiblement magnétique

Les propriétés magnétiques de ce film sont particulièrement décrites dans ce paragraphe car les températures de transformation obtenues faisaient l'objet d'un des objectifs du projet ANR et de la thèse. De plus, les caractérisations magnétiques présentées par la suite dans ce chapitre ont été réalisées sur cet échantillon. Ce film, de composition $Ni_{45,2}Co_{4,7}Mn_{36,2}In_{13,9}$ (e/a = 7.9), a été obtenu suivant les conditions décrites au chapitre 3 (paragraphe IV), B)).

Les alliages de type Heusler de composition Ni-Co-Mn-In présentent une transformation martensitique du premier ordre, d'une structure austénite cubique ferromagnétique vers une structure martensite de symétrie moindre faiblement magnétique. Cette transformation non diffusive possède une hystérésis thermique. Les courbes d'aimantation ont été obtenues suivant deux protocoles (Figure 5.80):

-   **FCC**, film refroidi sous champ magnétique (*field cooled cooling*),
-   ou **FCW**, film réchauffé sous champ magnétique (*field cooled warming*).

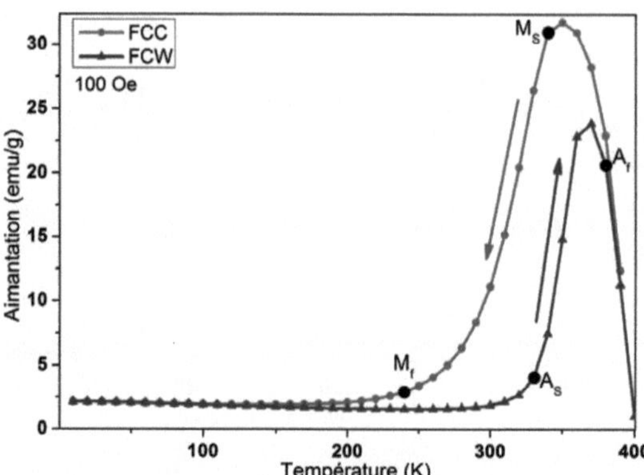

Figure 5.80 : Aimantation en fonction de la température d'un film de composition $Ni_{45,2}Co_{4,7}Mn_{36,2}In_{13,9}$ (e/a = 7.9) pour différents protocoles FCW et FCC, sous un champ de

0,01 T. Une transformation structurale avec une phase austénitique beaucoup plus magnétique que la phase martensitique est observée ainsi qu'une hystérésis lors de la transformation. La transformation de Curie s'effectue vers 400 K.

Il apparaît que l'austénite est ferromagnétique avec une température de Curie proche de 400 K et que la martensite est faiblement magnétique. Nous remarquons aussi que l'aimantation maximale de l'échantillon est toujours sous forme de pic et non de plateau comme c'est le cas si la température de Curie est plus éloignée de celle de la transformation (R. Kainuma, 2006). Il est alors fort probable que la transition de Curie diminue l'aimantation avant même que la température de transformation totale de la martensite en austénite (A_f) soit atteinte, empêchant potentiellement d'obtenir une aimantation plus importante de l'échantillon à des températures supérieures à 370 K. Notons tout de même que l'aimantation maximale mesurée est importante (30 emu/g sous un champ de 0,01 T).

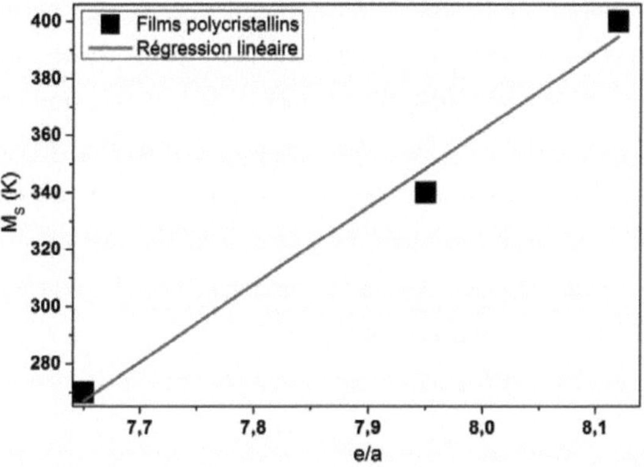

Figure 5.81 : Evolution linéaire de la température de début de transformation martensitique avec la concentration e/a. L'obtention d'une transformation structurale à température ambiante nécessite un film avec une concentration e/a proche de 8.

A partir de la Figure 5.80, nous pouvons déterminer les valeurs de transformation structurales comme : A_S = 330 K, $A_f \approx$ 380 K, $M_S \approx$ 340 K, et M_F = 240 K. L'aimantation de l'échantillon n'est jamais nulle à basse température. Une explication peut être la persistance d'une phase austénitique, même à basse température, à proximité des joints de grains ou d'autres défauts, pouvant empêcher la transformation displacive par des effets de contraintes structurales (R. Niemann, 2010). Il est aussi possible que les joints de grains soient cristallisés dans un état ferromagnétique ou que la phase martensitique soit faiblement ferromagnétique.

Nous avons donc pu obtenir un film présentant une transformation structurale à température ambiante. La valeur de la transformation structurale M_S en fonction de la concentration e/a est représentée sur la Figure 5.81 pour les trois films précédemment évoqués. Il n'y a que trois points, mais cette dépendance semble bien linéaire, conformément à la littérature (W. Ito, 2007). L'obtention d'une transformation structurale à température ambiante nécessite donc un film avec une concentration e/a proche de 8.

D) Effet du champ magnétique sur la transformation structurale

Le comportement magnétique en fonction de la température sous différents champs magnétiques appliqués est représenté sur la Figure 5.82. Nous constatons un élargissement de l'hystérésis qui évolue de 40 à 50 K entre 0,1 et 7 T. De plus, la valeur de l'aimantation à basse température, même en-dessous de l'hystérésis, augmente de manière continue avec l'augmentation du champ magnétique appliqué. Ces phénomènes ont été largement observés dans la littérature (J. A. Monroe, 2012) (R. Y. Umetsu, 2011) et sont attribués au phénomène dénommé *kinetic arrest* (KA). Le KA correspond à un état figé de l'austénite qui se transforme alors lentement en martensite. Cette propriété de KA, induite par le champ magnétique, semble très importante dans notre film, bien plus que dans le cas des autres films Ni-Co-Mn-In étudiés jusque à présent (R. Niemann, 2010). Une étude plus approfondie du KA sera réalisée dans le chapitre suivant.

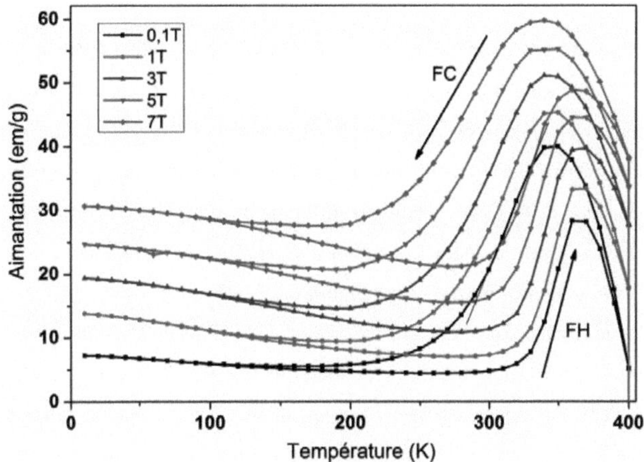

Figure 5.82 : Courbes thermomagnétiques sous différents champs appliqués. L'aimantation à basse température augmente de manière importante avec le champ magnétique et un effet significatif du champ est observé sur la largeur de l'hystérésis et sur les températures de transformation.

Quand le champ magnétique appliqué augmente, une décroissance des diverses températures de transformation (M_s, A_s, M_f et A_f) est observée. En effet, lors de l'application d'un champ magnétique, les températures de transformation se décalent vers les basses températures. L'équation de Clausius Clapeyron $\frac{dH}{dT} = -\frac{\Delta S}{\Delta M}$ montre que le décalage en température va être dépendant de ΔS, la variation d'entropie au cours de la transformation et de ΔM, la différence d'aimantation entre les phases parentes (austénite) et filles (martensite).

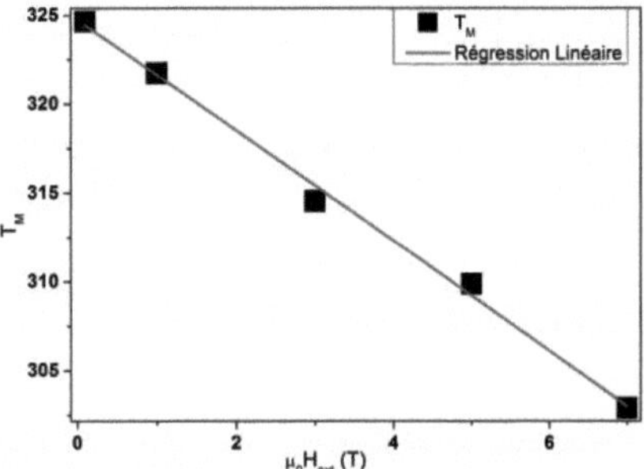

Figure 5.83 : Evolution de la température de transformation structurale avec le champ magnétique. Cette évolution peut être modélisée par une droite (en rouge) de coefficient -3,1 K/T.

Le diagramme « champ - température de transformation structurale » résultant de ces courbes est montré sur la Figure 5.83. T_M est calculée comme la moyenne des températures de transformation structurale mesurées par la méthode des tangentes. La température de transformation décroît linéairement lors de l'augmentation du champ magnétique avec un coefficient de -3,1 K/T. Cette valeur est légèrement supérieure à celle mesurée sur un monocristal Ni-Co-Mn-In massif (-2,7 K/T (L.Porcar, 2012)) et inférieure à celle estimée sur un composé Ni-Co-Mn-Sn massif polycristallin (-5,2 K/T (D.Y. Cong, 2010)). Elle est aussi deux fois plus importante que celle mesurée entre 2 et 9 T par Niemann et ses collaborateurs sur des films Ni-Co-Mn-In épitaxiés (avec toutefois une variation qui n'est plus linéaire en-dessous de 2 T) (R. Niemann, 2010). Ils expliquent leur faible variation de la température de transformation structurale avec le champ magnétique par la proximité de la température de Curie, réduisant l'aimantation maximale de la phase austénitique et donc la différence d'aimantation Δ_M entre les deux phases. Cette explication semble inappropriée puisque dans notre cas, la température de Curie est également proche du pic d'aimantation. Le fait que le film de Niemann *et al.* soit épitaxié et monocristallin pourrait être une explication alternative. En effet l'épitaxie engendre des contraintes qui peuvent faire évoluer significativement les températures de transformation structurale (V. A. Chernenko, 2006).

II) Mesures de l'aimantation en fonction du champ magnétique appliqué : états magnétiques et effets physiques induits par la transformation de phase

Afin de comprendre les effets induits par le champ magnétique lors de la transformation structurale, il est important de mieux comprendre l'ordre magnétique qui existe dans ces alliages notamment au voisinage de la température de transformation. À une température donnée, l'application et l'augmentation du champ magnétique vont permettre une nucléation puis une croissance des domaines magnétiques, jusqu'à saturation, en accord avec la théorie du champ moléculaire (A. Herpin, 1971). L'aimantation qui subsiste lorsque le champ est ramené à 0 T est appelée **aimantation rémanente** B_r et le champ nécessaire pour obtenir une aimantation de valeur nulle est appelé **champ coercitif** H_c.

A) Caractérisation des comportements magnétiques des deux phases et évolution du champ coercitif en fonction de la température

L'aimantation en fonction du champ magnétique a été étudiée de 5 à 0 T pour différentes températures. La température initiale était de 250 K et la température finale de 400 K. Elle a été incrémentée par pas de 10 K entre chaque cycle de mesure M(H), sans virginiser l'échantillon avant la mesure suivante. Les fractions d'austénite et de martensite évoluent entre les différents cycles car elles dépendent de l'histoire en champ magnétique et en température. Les courbes sont représentées sur la Figure 5.84. Cette méthode de mesure des M(H) permet d'estimer les dérivées partielles de l'aimantation par rapport au champ et à la température à partir des incréments en champ et en température et donc de simuler une variation continue de la température. Il est alors possible de remonter à la véritable variation d'entropie (I. Dincer, 2010) à l'aide des variations d'aimantation sous champ en appliquant l'équation de Maxwell discrétisée comme détaillé ultérieurement dans le paragraphe IV.

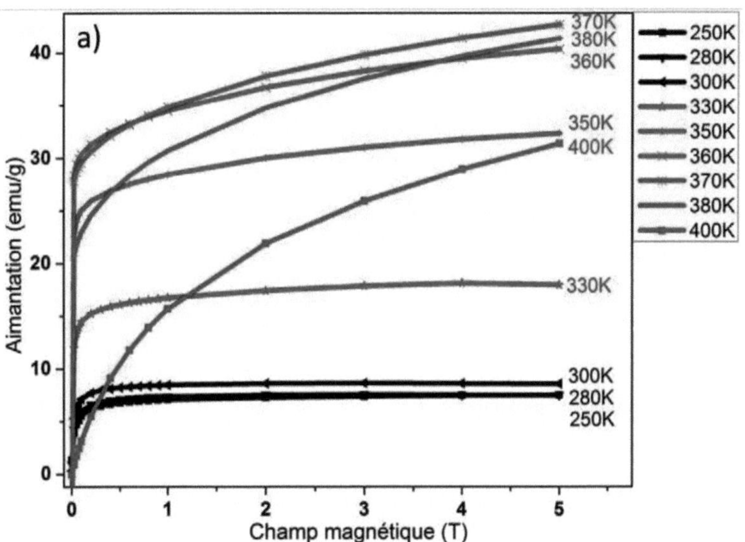

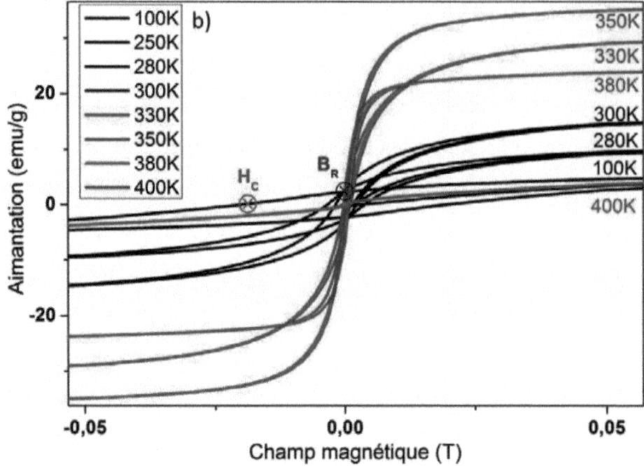

Figure 5.84 : Courbes d'aimantation en fonction du champ avec le comportement magnétique en noir de la phase martensite, en rouge lors de la transition structurale et en vert à l'approche de la température de Curie. a) de 5 à 0 T sans virginiser l'échantillon entre chaque mesure. b) Première montée puis cycle sous champ, où l'échantillon est virginisé entre chaque mesure.

Nous pouvons alors caractériser trois types de comportements en fonction de la température T:

- pour T < 300 K un comportement de type faiblement ferromagnétique (typiquement courbe pour T=100 K) donc dans un état principalement martensitique,

- pour 300 < T < à 360 K une transition vers un comportement plus fortement ferromagnétique, la proportion d'austénite devenant alors considérable,

- pour T > 360 K, l'influence de la température de Curie devient non négligeable avec une aimantation à saturation qui diminue lorsque la température se rapproche de Tc et une évolution vers un comportement paramagnétique.

Nous avons réalisé un deuxième type de mesure en effectuant des cycles en champ jusqu'à saturation et en commençant par la courbe de première aimantation. Les mesures ont été faites à différentes températures en prenant cette fois soin, entre chaque cycle M(H), de virginiser l'échantillon dans son état austénitique par un passage à haute température (Figure 5.84, bas). Lors de chaque mesure, nous nous trouvons donc sur la courbe FCC de la Figure 5.80. L'aimantation à saturation est atteinte pour des valeurs de champ d'environ 0,2 T. Les aimantations à saturation à 100 K, 280 K et 300 K sont différentes cette fois-ci. En effet la proportion d'austénite présente est plus importante à ces températures (280 K et 300 K) lorsqu'un processus FCC plutôt que FCW est suivi. Nous noterons aussi qu'à ces températures existe une aimantation rémanente de 2 à 2,6 emu/g. Le champ coercitif évolue lui quasi linéairement, avec une pente de -0,93 Oe/K sur cette gamme de température, pour tendre vers une valeur nulle à 330 K et au-delà (Figure 5.85). Au-dessus de 300 K, l'hystérésis des courbes M(H) devient en effet quasiment nulle. Nous pouvons donc présumer que la martensite est constituée d'une phase légèrement ferromagnétique, avec une anisotropie magnétique importante, alors que la phase austénite présente une phase plus fortement ferromagnétique mais avec une anisotropie magnétique plus faible.

Cette variation linéaire du champ coercitif a déjà été observée sur des films minces de composition $Co_{80}Cr_{18}Ta/Cr$ (T. Pan, 1997). Une étude réalisée en 1977 par F.C. Schwerer *et al.* a également montré, à l'aide d'une modélisation en accord avec des mesures expérimentales, que le champ coercitif diminue en tendant vers zéro à l'approche de la température de transformation magnétique ou cristallographique de la ferrite (F.C. Schwerer, 1978). Ceci est en très bon accord avec nos résultats montrant que la transition structurale commence surtout entre 300 et 330 K.

La phase austénite haute température ne montre pas de coercivité. L'augmentation de l'aimantation se réalise par mouvements des parois des domaines magnétiques et sature rapidement. La distorsion structurale et magnétique engendrée par la transformation martensitique conduit à l'augmentation de l'anisotropie magnétocristalline et au durcissement du procédé de saturation magnétique. Ce film polycristallin non orienté va présenter différentes variantes martensitiques orientées dans de multiples directions. La nucléation des domaines magnétiques et la propagation de ces parois à l'intérieur des grains martensitiques se produisent au début du cycle d'aimantation. Ensuite, la nucléation et croissance d'un domaine possédant une nouvelle orientation lors du changement de direction du champ magnétique a lieu en commençant par les macles présentant leur axe de facile aimantation le plus proche de la direction du champ magnétique. La phase martensite a donc un comportement légèrement ferromagnétique mais dur, alors que l'austénite a un comportement ferromagnétique doux mais d'intensité plus importante.

La baisse d'aimantation de la phase martensitique est attribuée à des corrélations antiferromagnétiques liées à la réduction des distances entre certains atomes de manganèse (V. V. Sokolovskiy, 2014) (S. Aksoy, 2010). Dans le film de composition $Ni_{45,2}Co_{4,7}Mn_{36,2}In_{13,9,}$ les corrélations amoindrissent l'aimantation de la martensite mais ne la rendent pas strictement nulle. Le film est donc faiblement ferromagnétique.

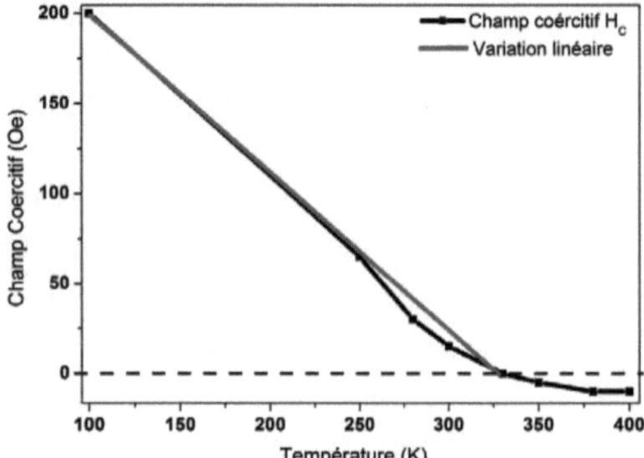

Figure 5.85 : Evolution du champ coercitif en fonction de la température et donc des proportions de phases martensitiques et austénitiques. Le champ coercitif diminue lorsque la température augmente, en tendant vers zéro aux alentours de 300 K – 330 K en lien avec la température de transformation.

B) Transformation structurale induite par champ magnétique

Un autre protocole de mesure a permis d'observer une transformation de phase induite par le champ magnétique. L'échantillon a d'abord été chauffé à 400 K puis refroidi à 100 K sous champ nul. L'échantillon se trouve alors dans un état totalement martensitique. Une mesure M(H) de l'aimantation en fonction du champ magnétique jusqu'à 7 T a alors été entreprise à 250 K et 300 K en prenant soin de revenir à un état totalement martensitique entre les mesures. Les mesures M(H) ainsi obtenues sont montrées sur la Figure 5.86. L'augmentation de l'intensité du champ magnétique transforme alors une partie de la martensite en austénite, déplaçant le cycle M(H) vers un état plus fortement ferromagnétique. Une seconde mesure M(H) à 300 K sans virginiser préalablement l'échantillon n'entraîne plus de transformation structurale induite par champ magnétique (non montré ici). Nous avons ainsi montré que la transformation de phase sous champ magnétique pouvait se produire facilement dans un échantillon totalement martensitique à une température de 300 K dès l'apparition d'un champ supérieur à 1,5 T. Des études MFM présentées dans le chapitre 4 confirment que la transformation est induite par l'application du champ magnétique.

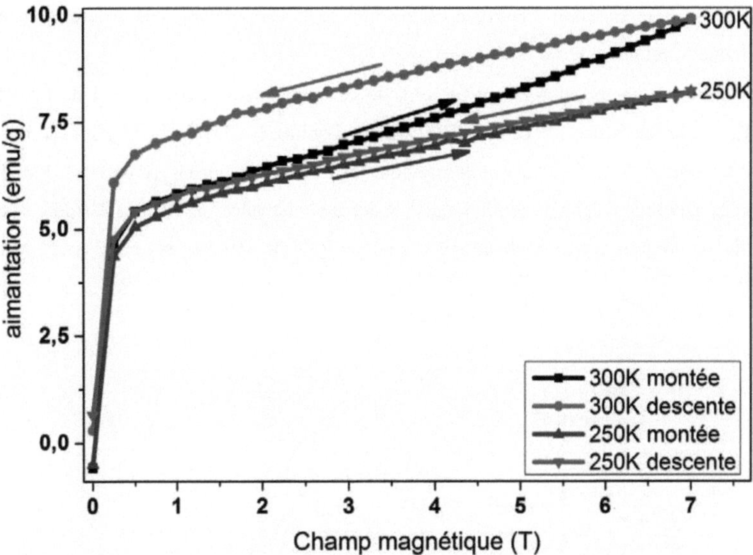

Figure 5.86 : Mesures d'aimantation montrant une transformation de phase induite par un champ magnétique à 300 K. Est tracée également la courbe à T=250 K pour laquelle aucune transformation ne se produit.

C) Propriétés magnétocaloriques

En utilisant l'équation de Maxwell, une estimation de la variation d'entropie peut être déterminée à partir des courbes d'aimantation en fonction de la température et du champ magnétique M(T, H) :

Équation 5.9: $\quad \mu_0 \left(\frac{\partial M}{\partial T}\right)_{P,H} = \left(\frac{\partial S}{\partial H}\right)_{P,H} \qquad \Delta S(T, H_1 \rightarrow H_2) = \int_{H_1}^{H_2} \mu_0 \left(\frac{\partial M}{\partial T}\right)_{P,H} dH$

avec ΔS la variation d'entropie entre un champ initial H_1 et un champ final H_2.

Dans la littérature, les grandeurs caractéristiques des potentialités magnétocaloriques sont la variation d'entropie ΔS et le RCP (Relative Cooling Power). Le RCP se calcule simplement par : la multiplication de l'entropie maximale par la largeur à mi-hauteur du pic d'entropie. A cette valeur doit être retranchée l'énergie associée à l'hystérésis magnétique.

L'évolution de la variation d'entropie en fonction de la température sous différents champs magnétiques, est montrée sur la *Figure 5.87*.

L'échantillon de composition $Ni_{45,2}Co_{4,7}Mn_{36,2}In_{13,9}$ a une valeur de ΔS sous 5 T de 4 J/kgK à 350 K, conduisant à une valeur de RCP (Relative Cooling Power) de 22 J/kg sous 1 T et de 117 J/kg sous 5 T. Ces valeurs sont conséquentes, par comparaison avec celles d'un film mince de gadolinium épitaxié sur du tungstène donnant une valeur de RCP de 240 J/kg sous 3 T et du gadolinium massif donnant une valeur de RCP de 410 J/kg sous 5 T (C.W. Miller, 2010).

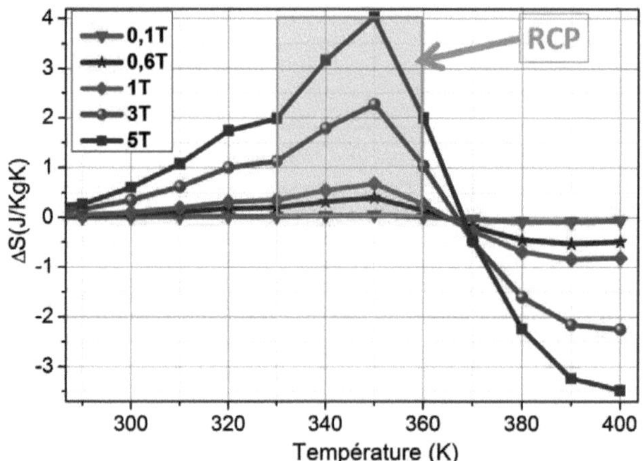

Figure 5.87: Variation de l'entropie en fonction de la température, sous différents champs magnétiques. En vert, est montrée la méthode de calcul du RCP.

III)   Elaboration d'un dispositif magnéto-actif

Suite à l'élaboration du film de composition $Ni_{45,2}Co_{4,7}Mn_{36,2}In_{13,9}$ nous avons effectué un test de dispositif fonctionnel basé sur la transformation magnétostructurale. Pour cela, deux fils de cuivre ont été collés sur ce film avec de la laque argent permettant une bonne conductivité électrique. Les fils de cuivre ont été choisis suffisamment fins (0,1 mm de diamètre) pour permettre au film de se déplacer librement sous un champ magnétique même faible. Un courant électrique de 100 mA peut alors être injecté au film afin de le chauffer par effet Joule. Le film a ensuite été placé, à température ambiante, à proximité d'un aimant permanent de quelques centaines de milli-tesla. L'équation suivante d'un régime permanent refroidi par l'air est alors utilisée pour estimer l'élévation de température du film :

Équation 5.10 :
$$R\,I^2 = 2\,h\,A\,(T_{film} - T_{air})$$

avec A et R respectivement la surface et la résistance du film, I le courant électrique, h la convection de l'air (ici h = 10 $Wm^{-2}K^{-1}$), et T_{air} et T_{film} respectivement la température de l'air et celle du film à l'état final. Nous pouvons donc prévoir que la température finale du film sera de l'ordre de 90°C au bout de 20 s. Le champ magnétique dû à l'aimant permanent varie de 30 à 100 mT entre la position initiale et finale du film. Le chauffage du film permet la transformation structurale de la phase martensitique faiblement magnétique vers la phase austénitique ferromagnétique, comme montré sur la Figure 5.80. Le film est par conséquent attiré vers l'aimant (voir Figure 5.88). Après avoir supprimé le courant injecté dans le film, celui-ci ne revient cependant pas à sa position initiale. Ceci est probablement dû au champ magnétique plus important qu'à l'état initial puisque le film est plus proche de l'aimant.

Un second dispositif a également été testé. Un film de même composition est collé sur un seul fil de cuivre, toujours avec de la laque argent. L'échantillon est disposé dans les mêmes conditions que précédemment, l'apport de chaleur se faisant alors avec un métal chauffé (du cuivre). Le film, chauffé, se déplace alors vers l'aimant. Notons que le déplacement est ici moins important, car le film atteint des températures moins élevées. Ensuite, le film se refroidit, s'éloigne de l'aimant, puis se réchauffe à nouveau à proximité de la source de chaleur. Le mouvement oscillant perdure ainsi pendant un certain temps, jusqu' à ce que la source ne soit plus assez chaude.

Ce démonstrateur, très simple, permet d'entrevoir de nombreuses applications dans le domaine du micro-actionnement en s'appuyant sur la transformation magnétostructurale des films Ni-Co-Mn-In.

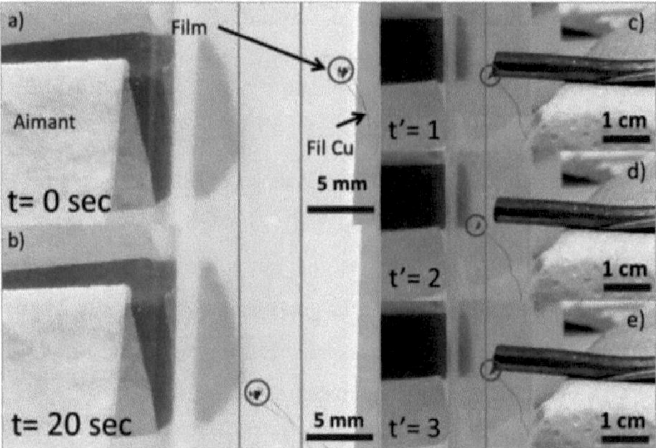

Figure 5.88 : Photos du dispositif d'actionnement thermomagnétique avec le film $Ni_{45,2}Co_{4,7}Mn_{36,2}In_{13,9}$. Le film est chauffé par effet Joule en a) et b). t = 0 s correspond à l'état de martensite, t = 20 s à l'état austénitique. Le film est chauffé par rayonnement d'un métal en c), d) et e). À t'= 1 la source de chaleur est approchée, t'= 2 l'échantillon se rapproche de l'aimant et à t'= 3 l'échantillon retourne à sa position initiale, environ 1 s sépare ces trois mouvements. Les lignes verticales bleues permettent de visualiser l'actionnement du film.

IV) Effet d'une pression isostatique sur les propriétés physiques d'un film de type Heusler Ni-Co-Mn-In

La pression décale les températures de transformation vers les hautes températures, contrairement à l'application d'un champ magnétique. Ceci est lié à la diminution de volume engendrée par l'application de la pression $\frac{dP}{dT} = -\frac{\Delta S}{\Delta V}$ (L. Manosa, 2010). Pour ces études, des mesures ont été réalisées par le biais d'un Squid à l'aide d'une cellule de pression dans laquelle une pression isostatique a pu être appliquée. Des études ont déjà été menées sur l'effet de la pression sur des matériaux Heusler massifs de type Ni-Mn-X (X = In, Sn et In) (L. Porcar, 2014) (T. Kanomata, 1987) (V. K. Sharma, 2011) mais à notre connaissance aucune n'a porté sur le cas d'Heusler sous forme de films. L'application d'une pression uniaxiale s'accompagne d'un réarrangement des variantes martensitiques. Dans notre cas la pression est isostatique donc il se produit un changement de volume. Celui-ci peut induire divers effets sur les réarrangements de variantes qui ne seront pas étudiés dans cette thèse. Nous rappelons ici que le film est polycristallin.

A) Effet de la cellule de pression sur les mesures magnétiques

Le comportement magnétique du film sous champ mesuré dans la cellule de pression est difficilement comparable à celui mesuré dans une paille. Alors que le film dans la paille a été placé de manière parallèle au champ magnétique, le film placé dans la cellule de pression ne l'est pas ; un effet dû au champ démagnétisant sera alors observé. En effet, dans le cas d'une couche mince que l'on suppose d'épaisseur constante et de dimensions latérales infinies, sur laquelle une aimantation uniforme est appliquée, un champ dipolaire H_d uniforme dans la couche existe et vaut $\mathbf{H_d} = - M_S \cos\theta \mathbf{u_Z}$, avec θ l'angle entre le champ magnétique appliqué et la normale à la couche et M_S l'aimantation de la surface suivant sa normale, comme schématisé sur la *Figure 5.89*. Ce champ est globalement opposé à l'aimantation, d'où le nom de champ démagnétisant (Fruchart., 2006). Tout se passe alors comme si le champ magnétique effectif était réduit de H_d par rapport au champ magnétique appliqué.

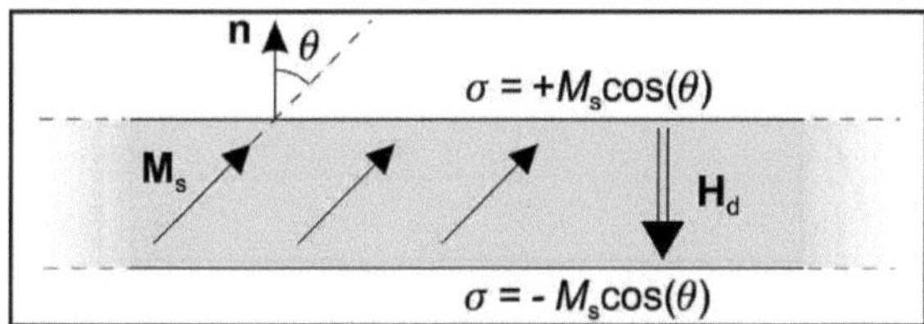

Figure 5.89 : Il existe un champ démagnétisant vertical dans une couche mince dont l'aimantation pointe totalement ou en partie suivant la normale à la couche (Fruchart., 2006).

Pour la plupart des matériaux (exception faite des aimants permanents ou des couches ultraminces à anisotropie de surface), l'énergie dipolaire mise en jeu est grande devant toutes les autres énergies. Dans notre cas le champ démagnétisant a des effets considérables lorsque le champ magnétique est inférieur à 1 T, résultant en un comportement magnétique plus dur.

En outre, la cellule, conçue pour être transparente d'un point de vue magnétique, a un comportement paramagnétique de 6.10^{-4} emu (sous un champ de 5 T sur une fenêtre de température allant de 250 K à 400 K, entraînant une erreur pouvant aller jusqu'à 10 emu/g dans le calcul du résultat final). Les mesures brutes M(H) de notre échantillon, réalisées dans la cellule, ne montrent pas de saturation, (voir Figure 5.90). De plus, la valeur de l'aimantation est au final plus importante que lors des mesures dans la paille, en raison de l'effet additionnel du paramagnétisme de la cellule. Pour simplifier l'exploitation des données, une droite avec un coefficient directeur de a = 2,68.10^{-4} emu/(g.Oe) a été systématiquement soustraite aux courbes obtenues. Cette droite a été estimée depuis le comportement paramagnétique observé, sous pression nulle et à 250 K. Une erreur estimée à 5% est cependant possible suite à la soustraction de cet effet paramagnétique. L'aimantation de l'échantillon sature à nouveau pour des champs magnétiques de quelques teslas ; l'effet paramagnétique venant de la cellule a donc bien pu être soustrait.

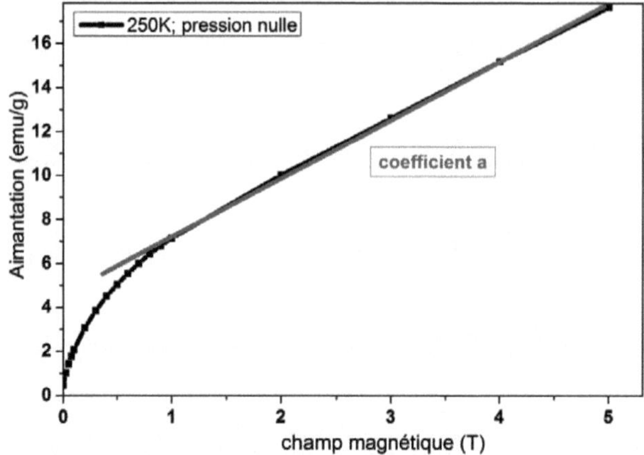

Figure 5.90 : Aimantation du film dans la cellule de pression en fonction du champ magnétique sous pression nulle, pour le calcul du coefficient a.

B) Evolution de la transformation structurale sous une pression de 315 MPa

Les courbes M(H) résultantes, après suppression de l'effet paramagnétique de la cellule, pour une pression nulle et une pression de 315 MPa, sont montrées sur la Figure 5.91. Notons que la mesure de la pression, basée sur la transition supraconductrice du plomb, peut être faussée d'une valeur de 80 MPa avec un champ rémanent de 5 Oe. Nous retrouvons ici un comportement faiblement ferromagnétique dur de la phase martensite, un comportement ferromagnétique doux mais plus intense de la phase austénite, suivi d'un comportement qui tend vers le paramagnétisme lorsque l'on se rapproche de la température de Curie.

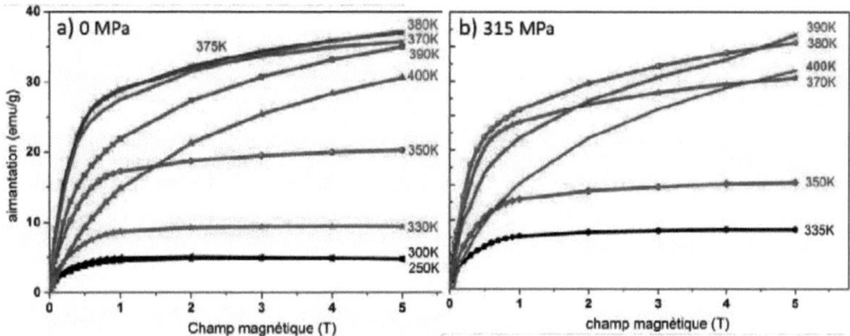

Figure 5.91 : Aimantation à différentes températures en fonction du champ magnétique a) sous une pression nulle et b) sous 315 MPa.

Lorsqu'une pression de 315 MPa est appliquée dans la cellule, les aimantations les plus importantes sont observées à des températures plus élevées, 380 K à 385 K au lieu de 370 K à 375 K comme observé sur la Figure 5.91, soit un décalage des températures de transformation structurale de 1 à 9 K/100 MPa. Malheureusement l'incertitude reste très importante, notamment en raison du trop faible nombre de mesures réalisées. De plus, le décalage du pic d'aimantation vers les hautes températures avec la pression, le rapproche de la température de Curie, diminuant potentiellement sa valeur et ajoutant une incertitude supplémentaire. En effet, les études publiées tendent à montrer que l'effet de la pression sur la température de Curie est faible par rapport au décalage des températures de transformation structurale. L'application d'une pression décale la température de Curie vers les hautes températures avec un facteur proche de 0,8 K/100 MPa dans le cas de l'Heusler Ni_2MnIn (T. Kanomata, 1987) et de 0,28 K/100 MPa pour l'Heusler $Ni_{50}Mn_{36}Sn_{14}$ (T. Yasuda, 2007), alors que la variation de la température de transformation structurale avec la pression a été mesurée comme étant plus grande d'un facteur 10, par exemple 4,21 K/100 MPa pour l'Heusler Ni_2-Mn-In (V. K. Sharma, 2011), 2,4 K/100 MPa pour l'Heusler $Ni_{50}Mn_{36}Sn_{14}$ (T. Yasuda, 2007) et de 5 K/100 MPa pour l'Heusler $Ni_{45}Co_5Mn_{37,5}In_{12,5}$ (L. Porcar, 2014). Le décalage des températures de transformation structurale avec la pression, mesuré dans nos films de composition $Ni_{45,2}Co_{4,7}Mn_{36,2}In_{13,9}$, est donc bien du même ordre de grandeur que celui observé dans la littérature, confirmant la fiabilité du schéma expérimental. Un nombre plus important de mesures est nécessaire pour affiner cette valeur.

C) Evolution de la variation d'entropie en fonction de la température, de la pression et du champ magnétique

Dans ce paragraphe, nous allons montrer l'évolution de la variation d'entropie en fonction de la température sous différents champs magnétiques, calculée à l'aide de l'équation de Maxwell discrétisée (Figure 5.92). Les mesures sont effectuées dans la cellule de pression sous 0 et 315 MPa.

Théoriquement, les maxima de la variation d'entropie se déplacent vers les hautes températures avec l'augmentation de la pression d'après la relation de Maxwell $\frac{dP}{dT} = -\frac{\Delta S}{\Delta V}$. Ceci est confirmé avec un décalage d'environ 5 K du maximum ΔS sous 5 T entre la mesure à pression nulle et celle sous 315 MPa. La *Figure 5.93* représente l'évolution de ΔS avec le champ magnétique à différentes températures sous une pression nulle et une pression de 315 MPa. La variation d'entropie varie linéairement avec le champ (de 0,5 à 5 T) avec un facteur qui dépend de la température et de la pression. A 360 K ce facteur est de 0,64 J/kgKT pour la pression nulle et pour la pression de 315 MPa. Cette variation linéaire de la variation d'entropie avec le champ est observée pour les deux EMC, classique et inverse. À une température donnée, l'application d'une pression modifie la variation d'entropie avec le champ magnétique. Cependant, la variation d'entropie maximale reste quasiment constante et passe de 3,2 à 3,4 J/kgK, sous 5 T entre une pression nulle à 360 K et une de 315 MPa à 365 K. Il en résulte une variation du RCP entre le cas d'une pression nulle et de 315 MPa qui évolue de 14 à 16 J/kg sous 1 T et de 116 à 125 J/kg sous 5 T. Il est donc apparent que l'application d'une pression de quelques centaines de mégapascals décale les températures de transformation de quelques kelvins sans affecter significativement l'EMC inverse. Nous constatons aussi que la variation d'entropie est positive et linéaire jusqu'à 360 K (EMC inverse) et négative vers 400 K (EMC classique). Ces deux effets vont donc avoir tendance à s'annuler à des températures intermédiaires. La variation d'entropie avec le champ à 380 K sous une pression de 315 MPa en est emblématique. En effet, dans ce cas spécifique, l'augmentation du champ a d'abord tendance à diminuer l'entropie avant de l'augmenter (voir *Figure 5.93*).

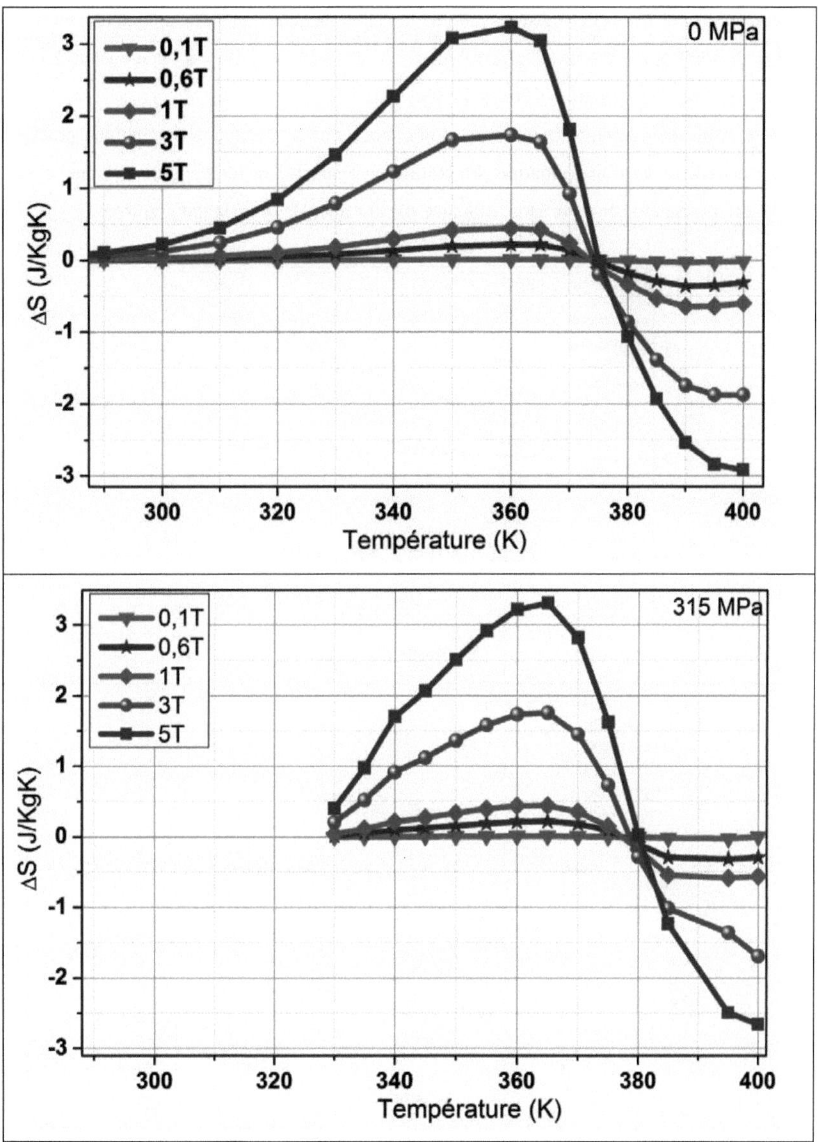

Figure 5.92 : Evolution de l'entropie avec la température sous différents champs magnétiques et pour deux pressions dans la cellule : haut) pression nulle, bas) sous 315 MPa. Les effets magnétocaloriques inverse et classique se déplacent vers les hautes températures lors de l'application d'une pression.

Rappelons que dans le cas des mesures hors de la cellule de pression, nous avions obtenu une variation de l'entropie de l'EMC inverse sous 5 T de 4 J/kgK à 350 K, conduisant à une valeur de RCP de 22 J/kg sous 1 T et de 117 J/kg sous 5 T.

L'effet de la pression appliquée de manière conjointe à celui du champ magnétique permet d'élargir la fenêtre de transformation structurale et d'adapter la température à laquelle se produit l'effet magnétocalorique sans influence sur la valeur de la variation d'entropie.

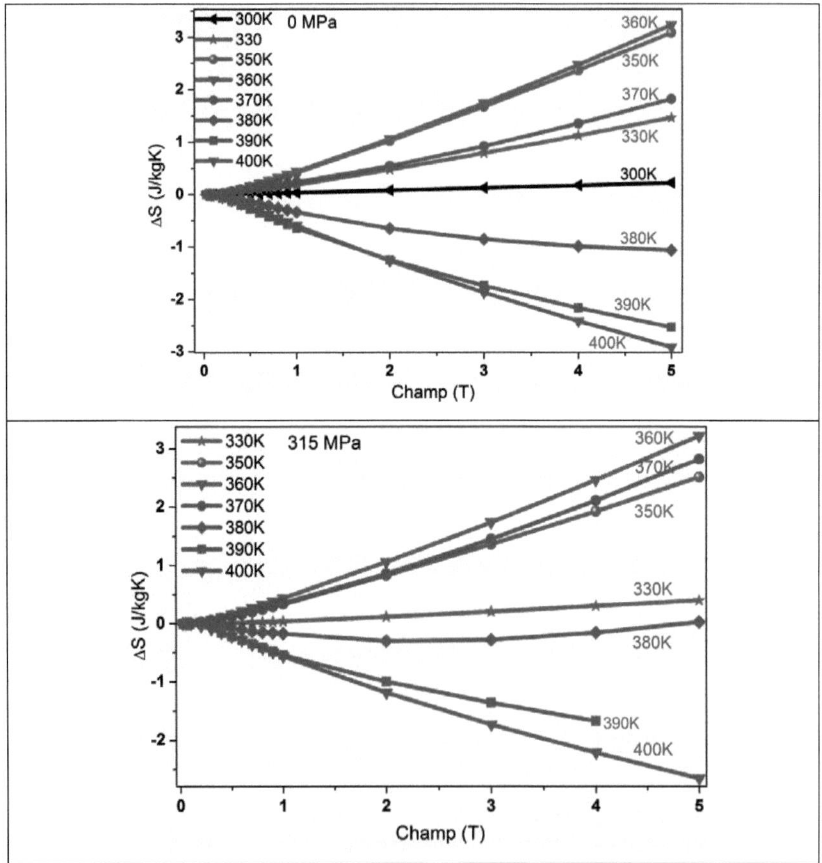

Figure 5.93: Evolution de la variation d'entropie en fonction du champ magnétique appliqué entre 300 K et 400 K et sous différentes pressions dans la cellule : a) pression nulle, b) 315 MPa. Les effets magnétocaloriques inverse et classique font évoluer ΔS sous champ de manière linéaire.

V) Conclusion

Nous avons pu vérifier au cours de ce chapitre l'importance de la stœchiométrie et du paramètre e/a sur l'état magnétique des deux phases, austénite et martensite, ainsi que sur la température de transformation structurale. Un film de stœchiométrie $Ni_{45,2}Co_{4,7}Mn_{36,2}In_{13,9}$ présentant une transformation structurale à température ambiante vers une phase martensitique faiblement ferromagnétique a pu être obtenu. Nous avons alors étudié l'effet du champ magnétique sur la transformation structurale. Celui-ci entraine un décalage des températures de transformation avec un coefficient de -3,1 K/T. Le champ magnétique engendre aussi un blocage de la phase austénite à basse température ; ce phénomène déjà connu est appelé *kinetic arrest* (KA).

Des mesures de l'aimantation en fonction du champ magnétique appliqué nous ont ensuite permis de mieux caractériser l'état magnétique de nos phases. La martensite est faiblement ferromagnétique avec un comportement magnétique dur, alors que l'austénite est plus fortement ferromagnétique avec un comportement magnétique doux. Le comportement tend logiquement vers un état paramagnétique en s'approchant de la température de Curie. Nous avons aussi vérifié à l'aide des courbes M(H) que la transformation se produit à une température proche de 350 K. Le champ coercitif du film de composition $Ni_{45,2}Co_{4,7}Mn_{36,2}In_{13,9}$ diminue pour tendre vers zéro lorsque la température atteint 300-330 K. Il a ensuite été montré que l'application d'un champ magnétique à 300 K pouvait induire une transformation structurale dans le film. Un dispositif magnéto-actif a alors été développé, basé sur la transition vers un état plus fortement magnétique lorsque la température augmente.

Pour finir, l'effet de la pression sur la transformation structurale a été étudié. Il a ainsi été montré que la pression décale la transformation structurale vers les hautes températures avec un facteur de quelques kelvins par centaine de mégapascals, l'incertitude restant assez importante.

Enfin la variation d'entropie est de 3 à 4 J/kgK sous 5 T pour des températures proches de 360 K et varie très peu avec la pression appliquée. Le RCP (*Relative Cooling Power*) atteint 16 J/kg sous 1 T et 125 J/kg sous 5 T. Ces valeurs sont conséquentes par comparaison à celles du Gd, matériau référence pour une application magnétocalorique.

Chapitre VI: Irréversibilité de transformation Martensite - Austénite et blocage de la transformation sous champ magnétique

Dans les matériaux Heusler de type Ni-Mn-In, il existe une différence de résistivité entre les phases austénite et martensite. Ce changement est lié à la perturbation de la densité d'état électronique due au changement de structure et aux interactions antiferromagnétiques dans la martensite (I. Dubenko, 2012) et (J. Dubowik, 2012). De plus, la phase à basse température de symétrie moindre présente des modulations structurales qui peuvent engendrer une plus grande résistivité résiduelle (nombreuses dislocations). Ainsi la mesure de la résistivité du film en fonction d'un paramètre variable (température, champ magnétique, pression,…) donne une information directe de l'évolution des proportions d'austénite et de martensite.

Le phénomène de *kinetic arrest* (KA) décrit le blocage de la phase austénitique par le champ magnétique lors de la transformation de phase. Les mesures de résistivité permettent d'étudier ces phénomènes très fréquents dans les systèmes de type Heusler.

Dans ce chapitre, sont présentées les mesures de résistivité électrique en fonction de la température et du champ magnétique sur un film de stœchiométrie $Ni_{45,2}Co_{4,7}Mn_{36,2}In_{13,9}$ (Figure 6.94). Des mesures d'aimantation en fonction du champ magnétique, de la température mais aussi du temps viennent compléter les mesures électriques pour l'interprétation des phénomènes de KA. Une comparaison avec un échantillon massif monocristallin est également effectuée au cours de ce chapitre.

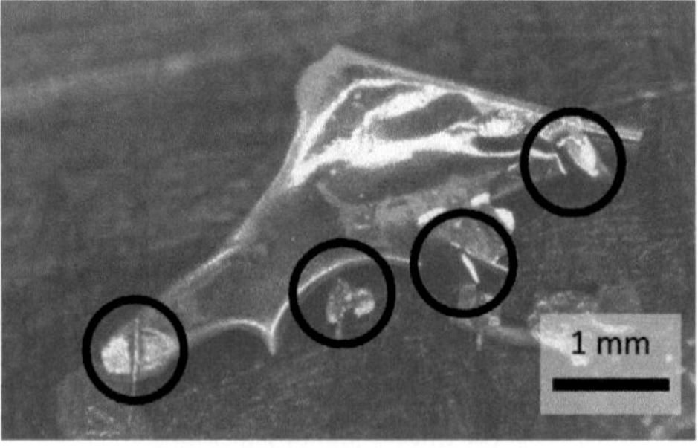

Figure 6.94: Echantillon de composition $Ni_{45,2}Co_{4,7}Mn_{36,2}In_{13,9}$ utilisé pour les mesures de résistivité quatre contacts (cercle noir).

I)   Effet de la transition structurale sur la résistivité

A) Variation de la résistivité lors du refroidissement et du chauffage

Les mesures de résistivité sous champ magnétique ont été réalisées sur la fenêtre de température 10 K - 400 K avec un pas de 1 K. Quatre procédés de mesures ont été utilisés : refroidissement sans champ (ZFC pour *Zero Field Cooled*), refroidissement puis chauffage sans champ (ZFCW pour *Zero Field Cooled Warming*), refroidissement sous champ (FCC pour *Field Cooled Cooling*) et refroidissement puis chauffage sous champ (FCW pour *Field Cooled Warming*).

Les résistivités sont notées $\rho_{FCC}(T)$ ou $\rho_{ZFC}(T,H)$ pour les courbes obtenues en refroidissant respectivement avec et sans champ. Les résistivités sont notées $\rho_{FCW}(T,H)$ ou $\rho_{ZFCW}(T)$ pour les courbes obtenues en chauffant après refroidissement respectivement avec et sans champ.

M_S, M_F, A_S et A_F sont respectivement les températures de début et de fin des transformations martensitique et austénitique. Sur la Figure 6.95, on obtient : $M_S = 330$ K, $M_F = 120$ K, $A_S = 310$ K et $A_F = 382$ K. Ces résultats sont en très bon accord avec ceux obtenus sur les courbes thermomagnétiques, où $A_S = 330$ K $A_f \approx 380$ K, $M_S \approx 340$ K et $M_F = 130$ K. Une large hystérésis sur une fenêtre de température d'environ 200 K est observée entre les courbes ZFCW et ZFC, due à la transformation du premier ordre, conduisant à une variation de la résistance de 26% à 300 K entre ces deux mesures.

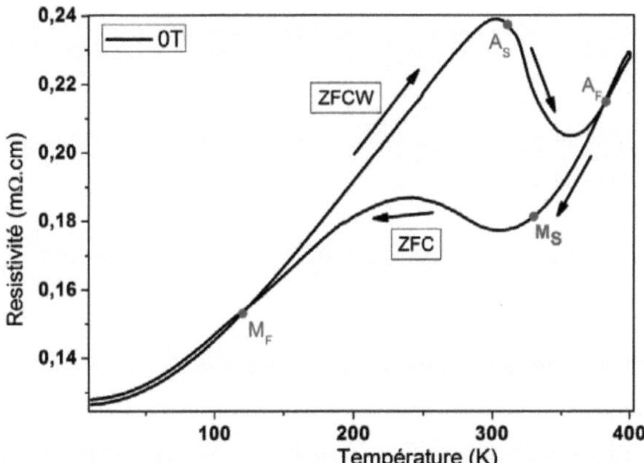

Figure 6.95 : Evolution de la résistivité en fonction de la température d'un film $Ni_{45,2}Co_{4,7}Mn_{36,2}In_{13,9}$ sous champ nul en appliquant la procédure ZFC et ZFCW. Les valeurs des températures de transformation martensitique et austénitique sont $M_S = 330$ K, $M_F = 120$ K, $A_S = 310$ K et $A_F = 382$ K.

B) Variation de la résistivité en fonction du champ magnétique

Ces études ont été réalisées sur le film suivant deux protocoles.

♦ <u>Protocole 1</u> : Croissance de la température à vitesse fixe (la résistivité initiale se situe alors sur la courbe <u>ZFCW</u>, état initialement totalement martensitique).

♦ <u>Protocole 2</u> : Décroissance de la température à vitesse fixe (la résistivité initiale se situe alors sur la courbe <u>ZFC</u>, état initialement totalement austénitique).

L'évolution de la résistivité à température constante sous champ magnétique est notée $\rho_{ZFCW}{}^{T}$ (H) lorsque la température T a été stabilisée depuis les basses températures (protocole 1, état totalement martensitique) et est notée $\rho_{ZFC}{}^{T}$ (H) lorsque la température a été stabilisée depuis les hautes températures (protocole 2, état totalement austénitique). Les magnétorésistances mesurées de façon isotherme, pour un champ magnétique H, sont appelées $MR_{ZFCW}{}^{T}$ (H) et $MR_{ZFC}{}^{T}$ (H) sont logiquement calculées à partir des valeurs précédentes de la manière suivante:

Équation 6.11 :
$$MR_{ZFCW}^{T}(H) = \frac{\rho_{ZFCW}^{T}(H) - \rho_{ZFCW}^{T}(0)}{\rho_{ZFCW}^{T}(0)}$$

$$MR_{ZFC}^{T}(H) = \frac{\rho_{ZFC}^{T}(H) - \rho_{ZFC}^{T}(0)}{\rho_{ZFC}^{T}(0)}$$

Les températures de mesure, 150, 200, 250, 300 et 350 K sont choisies à l'intérieur de l'hystérésis thermique et les champs magnétiques varient de 0 à 7 T.

1) Protocole 1

Quand un champ magnétique est appliqué sur un point de la courbe ZFCW, l'action du champ et de la température sont concomitants et tendent à stabiliser, nucléer et/ou développer la phase austénitique. En effet, lorsque l'on chauffe la phase martensite, on tend à former de manière stable l'austénite. De même, lorsque l'on applique un champ magnétique, on tend à stabiliser la phase à haute température qui est ferromagnétique. Il en résulte une certaine irréversibilité de la magnétorésistance lorsque le champ est relâché (cf Figure 6.96) puisque les deux changements physiques (énergie thermique et énergie magnétique) se complètent au niveau de la transformation structurale (transformation inverse). Autrement dit, lorsque l'on applique un champ magnétique, il existe un travail permettant de bouger les interfaces martensite/austénite. Lorsque l'on relache le champ magnétique, il faudrait fournir un travail magnétique équivalent pour déplacer à nouveau les interfaces à leur position d'origine. Les magnétorésistances observées durant un processus de ZFCW sont élevées, environ 27% avec 7 T appliqué à 300 K. Cependant la relaxation du champ magnétique n'entraîne pas un retour à la résistivité initiale comme expliqué précédemment. Il y a en effet une irréversibilité considérable (20%) de la résistivité sous champ magnétique (voir Figure 6.96). Par conséquent, il est nécessaire de refroidir l'échantillon à une basse température (protocole 1) afin d'obtenir une seconde fois une magnétorésistance de 27%. Pour des températures de 350 K et 250 K, on remarque que la magnétorésistance est moindre mais toujours considérable (respectivement 11 % et 8%) avec toujours une irréversibilité considérable. En revanche pour des températures inférieures (200 K et 150 K) l'irréversibilité devient négligeable.

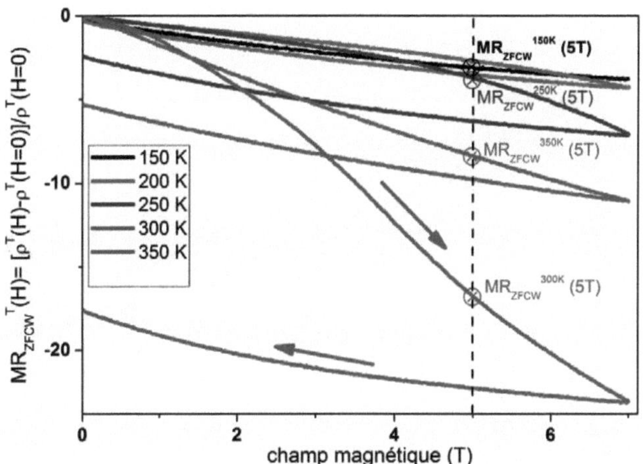

Figure 6.96 : Evolution de la magnétorésistance à température constante atteinte depuis la courbe ZFCW. La magnétorésistance est alors très élevée et irréversible.

Ces températures sont en effet éloignées de celle de l'A_S ; l'énergie nécessaire à la création et au déplacement de l'interface martensite/austénite est donc importante. L'ordre de grandeur de cette magnétorésistance est alors comparable à de la magnétorésistance classique d'un matériau non-ferromagnétique (< 5%). Après redescente à champ nul le retour à la résistivité initiale montre que ce déplacement s'effectue hors équilibre thermodynamique, donc de façon réversible. Parallèlement, une mesure de magnétorésistance à 400 K, $\rho_{ZFCW}^{400\ K}$ (7 T) donne une valeur d'environ 7% (non montrée sur la figure). Cette valeur est aussi attribuable à un effet de magnétorésistance classique dans un matériau ferromagnétique, tel que l'est l'état austénitique de notre échantillon.

2) *Protocole 2*

Nous présentons maintenant les résultats obtenus lors d'un processus ZFC. L'application d'un champ magnétique a alors une action antagoniste à celle d'un refroidissement. En effet, l'action du champ tend à stabiliser, nucléer et/ou accroître la phase haute température austénitique ferromagnétique, alors que la décroissance en température tend à stabiliser la phase martensite. La variation de la magnétorésistance est alors réversible car contraire à l'équilibre thermodynamique. Lorsque le champ est relâché, la résistance revient à sa valeur initiale (Figure 6.97).

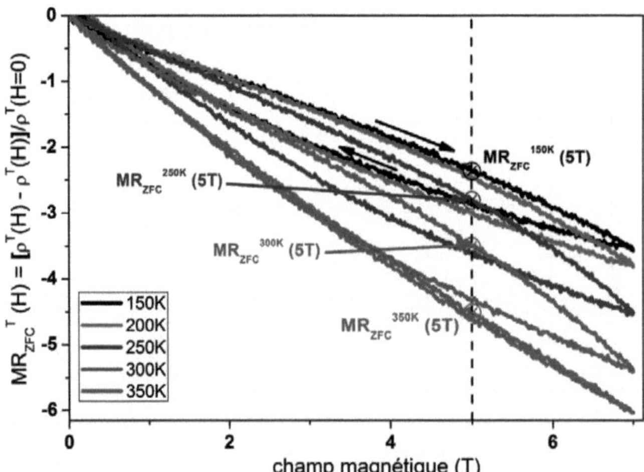

Figure 6.97 : Evolution de la magnétorésistance à température constante atteinte depuis la courbe ZFC. La magnétorésistance décroît lorsque la température de mesure diminue et est réversible après application d'un champ de 7T.

L'hystérésis représente le domaine de métastabilité. Dans le cas du protocole 2, la quantité d'austénite est déjà favorisée au maximum, la croissance et/ou la nucléation de l'austénite lors de l'application d'un champ magnétique ne sera thermodynamiquement stable, que tant que ce champ est appliqué de manière permanente (L. Porcar, 2014), (voir Figure 6.98).

On constate que la magnétorésistance varie alors de 5,5 à 2,8% pour des températures variant de 350 K à 150 K. Le cas de la magnétorésistance mesurée à 350 K est interprété par des effets de magnétorésistance classique. Les mesures effectuées aux autres températures s'interprètent par une transformation structurale comme le montre l'observation d'une hystérésis entre les courbes en champ croissant et décroissant. Cette transformation est de faible ampleur et est réversible, elle se fait hors du cycle d'hystérésis.

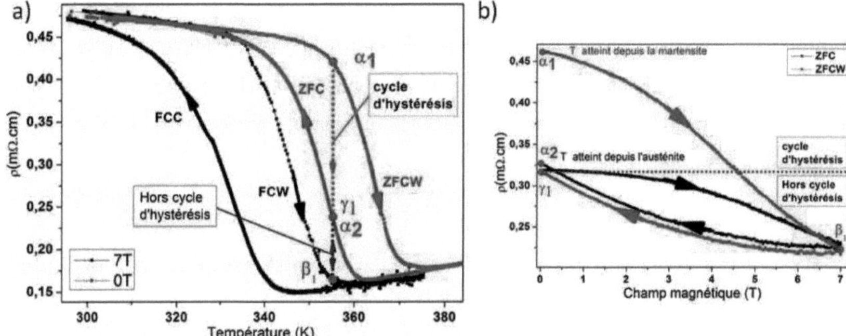

Figure 6.98 : Résistivité d'un massif Ni$_{45}$Co$_5$Mn$_{37,5}$In$_{12,5}$ monocristallin en fonction a) de la température et b) du champ magnétique. Lors d'un protocole ZFCW, l'application d'un champ magnétique permet une transformation structurale tout en respectant l'équilibre thermodynamique (intérieur du cycle d'hystérésis). L'évolution de la résistivité sera donc irréversible et importante. Lors d'un protocole ZFC, l'application d'un champ magnétique induit une transformation structurale qui sort de l'équilibre thermodynamique (extérieur de l'hystérésis). L'évolution de la résistivité sera alors réversible et moins importante (L. Porcar, 2014).

Clarifions maintenant l'évolution de la résistivité dans et hors du cycle d'hystérésis. Nous allons comparer les mesures effectuées sur films minces avec les mesures réalisées à l'Institut Néel et au CRETA, sur monocristaux de composition Ni$_{45}$Co$_5$Mn$_{37,5}$In$_{12,5}$ (D. Bourgault, 2010) (L. Porcar, 2014).

Comme expliqué au chapitre 1, le domaine d'hystérésis à champ nul correspond au domaine de métastabilité des phases austénite martensite et tout point intérieur peut être stabilisé par application temporaire d'un champ magnétique ou d'une contrainte. En revanche pour stabiliser un point en dehors de ce domaine, il est nécessaire d'appliquer un champ ou une pression de façon permanente. Ainsi, la résistance rejoint la courbe FCW (point β_1, sur la Figure 6.98) lorsque l'on applique un champ magnétique suffisant depuis la courbe ZFCW (point α_1, sur la Figure 6.98). De même, la résistance rejoint cette même valeur (β_1) lorsque la même intensité de champ magnétique est appliquée depuis la courbe ZFC (point α_2, sur la Figure 6.98). Il y a une irréversibilité de la magnétorésistance lorsque l'on vient des basses températures et une réversibilité lorsque l'on vient des hautes températures. Lorsque la résistance est irréversible et que le champ est relâché deux évolutions de la résistivité sont possibles : soit la résistivité ne décroît pas (si sa valeur se trouve dans le domaine de métastabilité ou lorsque les cycles sans champ et sous champ sont intercroisés, soit la résistivité décroît et se stabilise au point γ_1 correspondant à l'équilibre thermodynamique ou l'enveloppe du domaine de métastabilité (lorsque les cycles sans champ ou sous champ sont séparés, en bleu sur la Figure 6.98a)). La magnétorésistance a alors traversé l'ensemble du cycle d'hystérésis sans champ.

II) Effet du champ sur le *kinetic arrest* de la transformation martensitique : transformation athermique ou isothermique ?

A) Effet du champ magnétique sur la variation de la résistivité avec la température

Nous avons étudié la variation de la résistivité avec la température en fonction du champ magnétique appliqué (1, 3 et 5 teslas). Les mesures sous champ ont été réalisées par un procédé de FCC suivi d'un procédé de FCW (voir Figure 6.99). Lorsque l'on applique un champ magnétique, les températures de transformation se décalent vers les basses températures. L'équation de Clausius Clapeyron, ci-dessous (Équation 6.12), nous montre que le décalage en température va être dépendant de ΔS et ΔM, la différence respectivement d'entropie et d'aimantation entre les phases austénite et martensite.

Équation 6.12:
$$\frac{dH}{dT} = -\frac{\Delta S}{\Delta M}$$

Appliquer un champ magnétique à une température comprise dans l'hystérésis thermique est équivalent à chauffer l'échantillon ou convertir une partie de la phase martensite en austénite. Ainsi, la résistivité décroît toujours lorsqu'un champ est appliqué.

On constate une diminution des températures de transformation structurale, de 2,8 K/T dans le cas de A_S vers les basses températures. Cette valeur est proche de celle déterminée lors des mesures d'aimantation exposées dans le chapitre précédent (3,1 K/T) et est également proche de celles obtenues dans la littérature (2,7 K/T (L. Porcar, 2012).

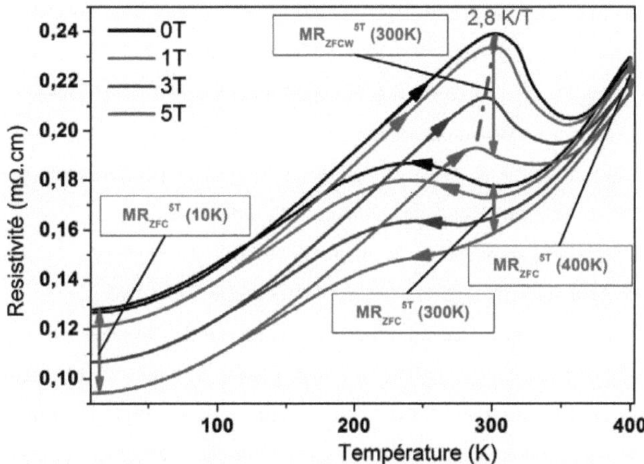

Figure 6.99 : Variation de la résistivité en fonction de la température, sous différents champs magnétiques. On constate un décalage des températures de transformation structurale de 2,8 K/T vers les basses températures. La surface de l'hystérésis diminue en présence d'un champ magnétique ainsi que la valeur de la résistance à basse température.

Le calcul de la magnétorésistance va maintenant se baser sur une méthode différente. Nous allons utiliser les mesures de résistivité faite en fonction de la température, pour différents champs magnétiques.

Équation 6.13:
$$MR\ _{ZFCW}^{T}(H) = \frac{\rho_{FCW}^{H}(T) - \rho_{ZFCW}^{H=0\,T}(T)}{\rho_{ZFCW}^{H=0\,T}(T)}$$

$$MR\ _{ZFC}^{T}(H) = \frac{\rho_{FCC}^{H}(T) - \rho_{ZFC}^{H=0\,T}(T)}{\rho_{ZFC}^{H=0T}(T)}$$

Dans la phase totalement austénitique (au-dessus de A_F), l'application d'un champ magnétique de 5 T induit une magnétorésistance $MR_{ZFC}^{5T}(400\ K)$ (=$MR_{ZFCW}^{5T}(400\ K)$) de 5,5%, entre deux mesures de résistivité en fonction de la température sous différents champs. Ceci est attribué à la magnétorésistance classique d'un matériau ferromagnétique.

Par contre, la magnétorésistance calculée $MR_{ZFC}^{5T}(100\ K)$ (=$MR_{ZFCW}^{5T}(100\ K)$) atteint des valeurs de 26% pour des températures inférieures à 100 K. Or, les mesures magnétiques précédentes (chapitre 5, Figure 5.80 et Figure 5.84) ont montré que la phase basse température est faiblement ferromagnétique et conduit à une phase plus résistive que l'austénite. A 300 K et sous 5 T, la magnétorésistance $MR_{ZFCW}^{5T}(300\ K)$ est de 20% alors que, dans les mêmes conditions, la magnétorésistance $MR_{ZFC}^{5T}(300\ K)$ n'est que de 10%. Ces valeurs importantes de magnétorésistance calculée ne peuvent être dues uniquement à un décalage sous champ de la température de la transformation structurale. On peut également constater que la surface de l'hystérésis entre la courbe de résistivité en fonction de la température réalisée sous champ nul et celle réalisée sous un champ magnétique de 5 T a diminuée.

L'hystérésis thermique provient de la métastabilité des deux phases. Lorsque la phase martensite nuclée et croît, il existe une dissipation d'énergie liée à la résistance au mouvement de l'interface des deux phases. La minimisation de la largeur de l'hystérésis en température va dépendre de la compatibilité cristalline des deux phases ainsi que de l'homogénéité de la stœchiométrie et des différents défauts dans le film polycristallin. La transformation de l'austénite vers la martensite peut éventuellement se produire en plusieurs étapes, avec des structures modulées et adaptatives de la martensite où les plans de macles se déplacent pour obtenir la phase martensite stable. La résistance au déplacement des interfaces va se produire au refroidissement et au chauffage et entraîne le sous-refroidissement de l'austénite et la surchauffe de la martensite. L'augmentation de la magnétorésistance calculée est liée au blocage de la transformation de l'austénite en martensite sous champ. Ce phénomène est comparable à un état vitreux, en phase de cristallisation trop lente pour être achevée sur l'échelle de mesure. On parle alors de *kinetic arrest* (KA) pour évoquer la présence de l'austénite à des températures inférieures au cycle d'hystérésis ainsi que de la dépendance de la cinétique sur le blocage. L'existence du KA montre que la transformation martensitique est ou devient au moins en partie isothermique sous champ magnétique. Nous avons ensuite simulé une évolution de la résistivité en fonction de la température, en supposant un champ suffisamment intense pour figer la totalité de l'austénite jusqu'aux basses températures (Figure 6.100 a)). Ensuite nous avons supposé que la résistivité mesurée du film varie linéairement avec la proportion d'austénite indépendamment d'une éventuelle anisotropie de résistivité dans la phase martensitique. Nous avons alors pu tracer la proportion d'austénite figée à basse température (10 K) en fonction du champ magnétique appliqué lors du refroidissement (Figure 6.100 b)) et extrapoler la valeur du champ nécessaire au blocage complet.

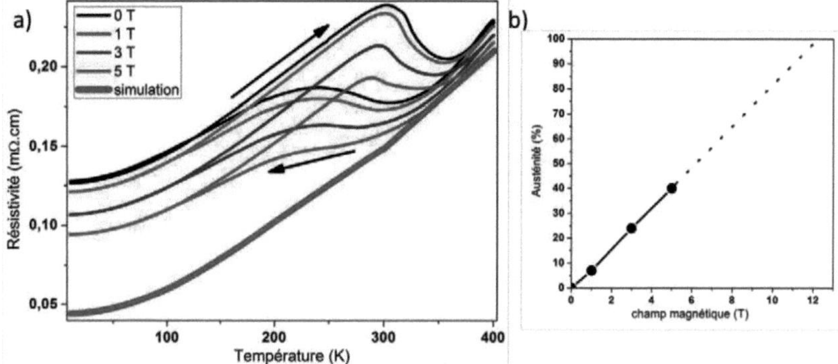

Figure 6.100: a) Simulation (en vert) de l'évolution de la résistivité en fonction de la température sous un champ suffisamment intense pour bloquer totalement la phase austénite. b) Proportion d'austénite figée à 10 K en fonction du champ magnétique appliqué lors du refroidissement. Un champ magnétique d'environ 12 T serait nécessaire afin de figer la totalité de l'austénite à basse température.

Ce phénomène de KA a également été observé lors des mesures d'aimantation réalisées dans le chapitre V. Si l'on compare l'allure des courbes M(T) mesurées directement en chauffant (FCW) depuis 10 K après avoir refroidi l'échantillon depuis 400 K sous champ avec les courbes $M^{calc}(T)$ calculées depuis des courbes M(H) à différentes températures, la différence est évidente (Figure 6.101). Sur les courbes $M^{calc}(T)$, on observe que l'aimantation maximale est de 8 emu/g pour des températures inférieures à 300 K et pour des champs magnétiques égaux ou supérieur à 1 T. Cette valeur correspond à la saturation de la phase martensitique.

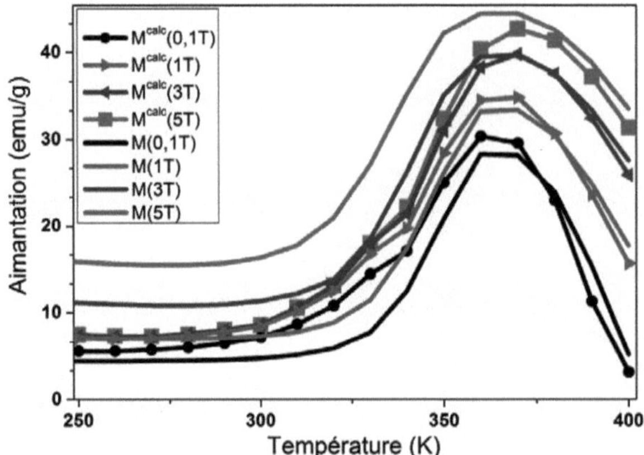

Figure 6.101 : Courbes d'aimantation M(T) mesurées en chauffant (FCW), en trait plein et calculées depuis M(H) en symbole reliés. Le phénoméne de KA bloque une quantité importante d'austénite qui ne sature pas en dessous de 300 K.

Les courbes $M(T)$ et $M^{cal}(T)$ s'ajustent relativement bien pour des températures supérieures au pic d'aimantation (~ 375 K). À ces températures les proportions d'austénite lors de ces deux mesures sont proches. En revanche, pour de plus basses températures, l'écart entre les deux types de mesures est très important, surtout à haut champ. Ceci s'explique par le KA. En effet avant de réaliser les mesures $M(T)$, l'échantillon est refroidi sous champ, la phase austénitique ferromagnétique est alors figée, augmentant l'aimantation globale de l'échantillon. Plus le champ est intense plus la proportion d'austénite figée est grande (Figure 6.101) ce qui n'est pas le cas des courbes $M^{calc}(T)$ où l'échantillon a été préalablement refroidi sans champ magnétique et donc représente le maximum de transformation structurale.

Nous allons maintenant comparer les magnétorésistances calculées depuis des mesures de résistivité en fonction de la température sous différents champs $MR_{ZFC}{}^{T}(H)$ avec les mesures isothermes de magnétorésistance $MR_{ZFC}{}^{H}(T)$ à différentes températures selon un processus ZFCW et ZFC.

B) Comparaison entre magnétorésistance directe et magnétorésistance calculée depuis les courbes d'évolution de la résistivité avec la température sous différents champs magnétiques

Afin approfondir ce phénomène, la magnétorésistance directe MR^T (H) obtenue expérimentalement est comparée avec la magnétorésistance calculée MR^H (T). La manière de calculer et de mesurer les magnétorésistances est rappelée sur le Tableau 6.5. Nous comparons ces magnétorésistances suivant les deux protocoles : ZFCW et ZFC. La comparaison est montrée sur la Figure 6.102.

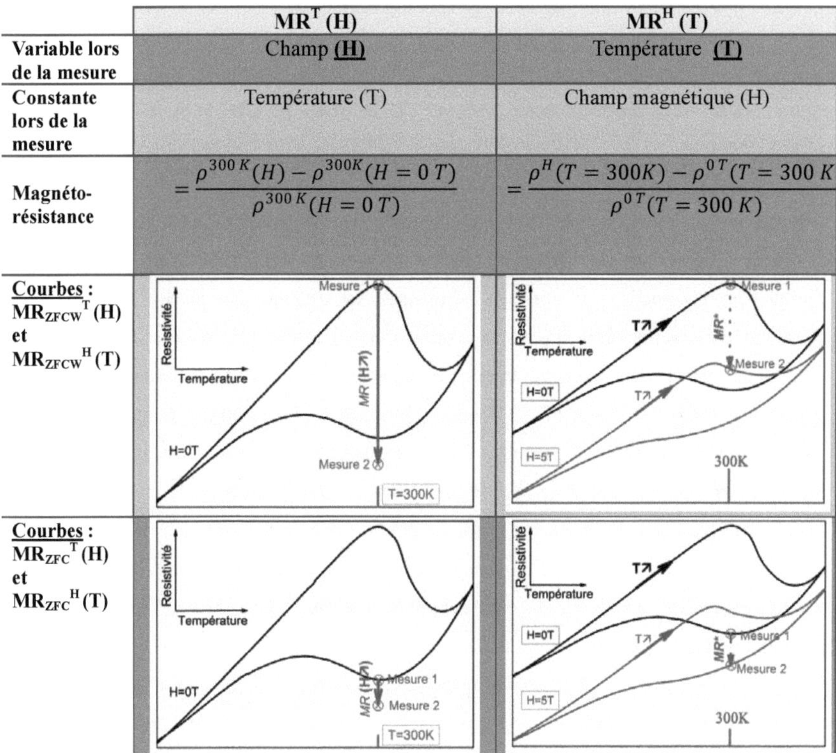

	MR^T (H)	MR^H (T)
Variable lors de la mesure	Champ **(H)**	Température **(T)**
Constante lors de la mesure	Température (T)	Champ magnétique (H)
Magnéto-résistance	$= \dfrac{\rho^{300\,K}(H) - \rho^{300K}(H=0\,T)}{\rho^{300\,K}(H=0\,T)}$	$= \dfrac{\rho^{H}(T=300K) - \rho^{0\,T}(T=300\,K)}{\rho^{0\,T}(T=300\,K)}$
Courbes : MR_{ZFCW}^{T} **(H)** et MR_{ZFCW}^{H} **(T)**		
Courbes : MR_{ZFC}^{T} **(H)** et MR_{ZFC}^{H} **(T)**		

Tableau 6.5 : Mesure (a) et calcul (b) de la magnétorésistance à partir des courbes thermorésistives. MR_{ZFCW}^{T} (H) et MR_{ZFCW}^{H} (T) sont calculés avec ρ_{ZFCW} et ρ_{FCW}. MR_{ZFC}^{T} (H) et MR_{ZFC}^{H} (T) sont calculés avec ρ_{ZFC} et ρ_{FFC}.

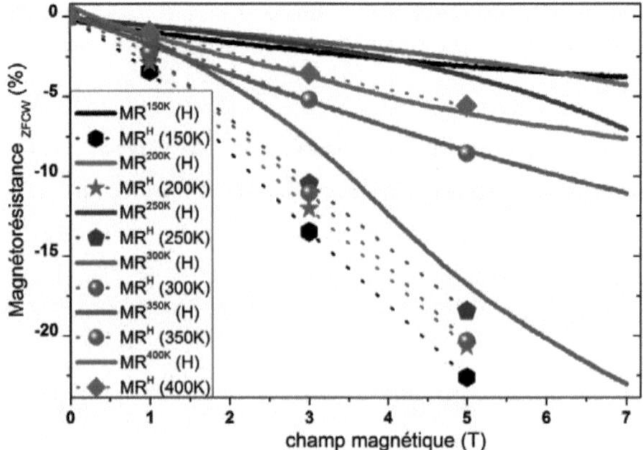

Figure 6.102 : Comparaison entre $MR_{ZFCW}{}^H$ (T) et $MR_{ZFCW}{}^T$ (H) en fonction du champ magnétique (0-5 T et 0-7 T respectivement) et à différentes températures (de 150 K à 400 K).

D'abord, la magnétorésistance directe a été mesurée, pour différentes températures, à partir de la courbe à l'équilibre sans champ ZFCW où il y a eu un maximum de transformation de l'austénite en martensite (Figure 6.96). Lorsque l'on applique un champ à température constante, une fraction de la martensite se transforme en austénite de manière métastable. En dessous de 250 K, seule une petite fraction est transformée. A 350 K, température légèrement inférieure à M_F et supérieure à A_S, $MR_{ZFCW}{}^T$ (H) et $MR_{ZFCW}{}^H$ (T) sont identiques, et à 300 K ils sont encore relativement proches. A des températures inférieures, l'écart devient plus important et est maximal à 150 K (Figure 6.102). La différence se fait donc pour des températures globalement inférieures à A_S. En effet, on sort alors du domaine de métastabilité de la martensite. L'application d'un champ magnétique n'aura alors qu'un faible pouvoir de transformation structurale et son effet sera principalement de l'ordre de grandeur de la magnétorésistance classique.

Nous pouvons comparer de la même manière les courbes $MR_{ZFC}{}^H$ (T) et $MR_{ZFC}{}^T$ (H) et observer des résultats similaires (voir Figure 6.103). Pour des températures supérieures à 300 K, $MR_{ZFC}{}^H$ (T) et $MR_{ZFC}{}^T$ (H) sont proches alors que les deux valeurs se séparent nettement pour des températures inférieures, ce qui est essentiellement dû au blocage de la phase austénite par le champ magnétique qui accroît la valeur de $MR_{ZFC}{}^H$ (T).

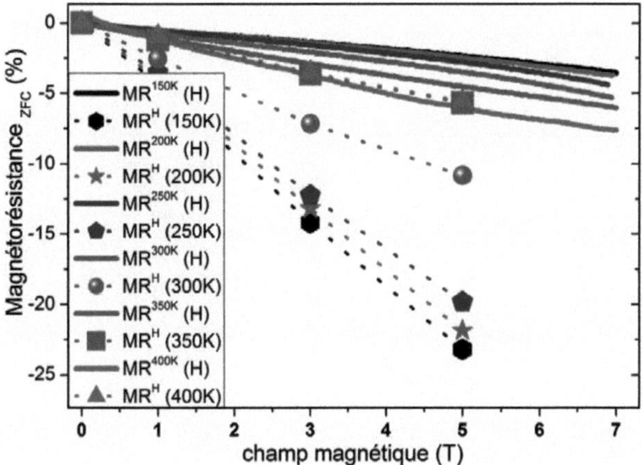

Figure 6.103 : Comparaison entre MR_{ZFC}^{T} (H) et MR_{ZFC}^{T} (H) en fonction du champ magnétique (0-5 T et 0-7 T respectivement) et à différentes températures (de 150 K à 400 K).

À l'intérieur du domaine de métastabilité des phases austénite-martensite, soit au-dessus de A_S, l'évolution de la magnétorésistance isotherme est irréversible et élevée lorsque l'on vient des basses températures et réversible de moindre importance lorsque l'on vient des hautes températures. Ceci s'explique par le fait que les effets du champ et de la température sont alors respectivement concomitants et antagonistes. On ne peut pas déduire de la comparaison des courbes ZFC/ZFCW et des courbes FCC/FCW les valeurs atteintes par la magnétorésistance isotherme car la quantité d'austénite transformée en martensite est moins importante lors de l'évolution de la température sous champ magnétique. En effet, pour des températures inférieures à A_S les valeurs élevées de MR_{ZFC}^{H} (T) et MR_{ZFCW}^{H} (T) sont liées au blocage de la phase austénite lorsque le champ magnétique ralentit significativement le déplacement de l'interface martensite/austénite. Le temps de relaxation est alors largement supérieur au temps de descente en température sous champ.

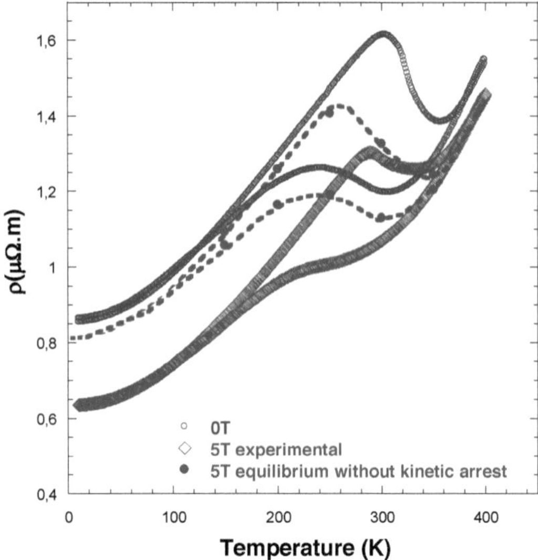

Figure 6.104 : Comparaison de la résistance en fonction de la température d'une couche présentant un blocage de la phase austénite sous champ (en vert) et de la résistance qu'aurait cette même couche sans blocage de la phase austénite (en rouge pointillé) pour un champ de 5 T. La courbe à 0 T est ajoutée à titre comparatif.

Ceci étant posé, nous pouvons estimer les courbes de résistivité en fonction du champ magnétique à l'équilibre thermodynamique, c'est-à-dire sans blocage de la phase austénite. Pour cela, nous avons estimé que, sans blocage de la phase austénite, la résistivité sous un champ H constant pour des températures croissantes atteint la valeur ρ_{FCW}^{H} (T), correspondant à la valeur qu'atteint la résistance à température constante lorsque l'on applique un champ H depuis la courbe ZFCW, MR_{ZFCW}^{T} (H). De la même manière, nous avons estimé que, sans blocage de la phase austénite, la résistance sous un champ H atteint la valeur ρ_{FFC}^{H} (T), correspondant à la valeur qu'atteint la résistance à température constante lorsqu'un champ H est appliqué depuis la courbe ZFC, MR_{ZFC}^{T} (H).

Nous montrons le résultat de cette démarche pour un champ magnétique de 5 T (Figure 6.104). On observe d'une part qu'il n'y a effectivement plus de blocage de la phase austénite et d'autre part que la surface de l'hystérésis thermique est plus grande, proche de celle observée lors de mesures sans champ. Le décalage observé sous champ magnétique des températures de transformation est alors d'environ 8 K/T. Pour construire avec précision la courbe sans

KA, un plus grand nombre de points seraient nécessaires dans l'hystérésis thermique. Notre démarche ici est de montrer comment estimer la courbe thermodynamique à l'équilibre sous champ magnétique.

III)   KA : mesures de temps de relaxation

Précédemment nous avons étudié l'évolution des propriétés physiques induites par le *kinetic arrest* par des mesures électriques. Ces effets sont attribués à un ratio volumique plus important d'austénite dans l'état basse température lorsque le film est refroidi sous champ magnétique. Le blocage de la phase magnétique correspond à un état vitreux magnétique avec gel de la phase à haute température qui dépend à la fois de la cinétique de refroidissement et de l'amplitude du champ magnétique. Le déplacement de l'interface ainsi que la nucléation de l'austénite/martensite sont alors ralentis voire bloqués. Le blocage de la phase magnétique a déjà été observé dans des composés magnétocaloriques et plus récemment dans un matériau massif de type Ni-Mn-In (S. Dwevedi et B. Tiwari, 2012). Le blocage de la phase austénite est caractérisé par la coexistence de deux phases, martensite et austénite qui se poursuit même à très basses températures. En ce sens, elle est assez différente de la transition vitreuse classique où la phase liquide persiste à basse température mais ne coexiste pas avec la phase cristalline. Cependant, il faut noter que si le champ est suffisamment élevé, un blocage total de l'austénite peut se produire. Dans le cas de notre film, nous avons estimé le champ de blocage total à 12 T (Figure 6.100).

A) Effet de la cinétique sur le blocage de la phase austénite

Des mesures d'aimantation ont été réalisées à l'aide du VSM-Squid sur une couche polycristalline Ni-Co-Mn-In en présence d'un champ magnétique et pour différentes vitesses de refroidissement (voir Figure 6.105). Le film est refroidi depuis 400 K (état purement austénitique) jusqu'à environ 70 K. L'effet du champ magnétique sur le blocage de l'austénite au cours de la transformation de phase est de nouveau clairement visible lorsqu'on compare les courbes à 3 T et 7 T.

Des mesures d'aimantation en fonction du champ magnétique appliqué à différentes températures ont permis de montrer que l'aimantation à saturation de l'échantillon est inférieure à 8 emu/g avec un champ de 5 T si les températures sont inférieures à 250 K. Des mesures par diffraction aux neutrons ont montré que la phase martensitique des alliages de composition Ni-Mn-X comportait des corrélations antiferromagnétiques (V. V. Sokolovskiy, 2014). L'observation d'une aimantation supérieure à 8 emu/g prouve clairement l'existence d'un blocage de la phase ferromagnétique à basse température, dépendant de la vitesse de refroidissement. Lorsque la vitesse de refroidissement ou le champ magnétique augmente, la transformation martensitique est ralentie et finalement partiellement bloquée. Ainsi, à 180 K nous constatons que l'aimantation augmente de 3% et de 3,3% quand la vitesse de refroidissement passe de 2 à 9 K/min sous des champs magnétiques respectifs de 3 T et 7 T.

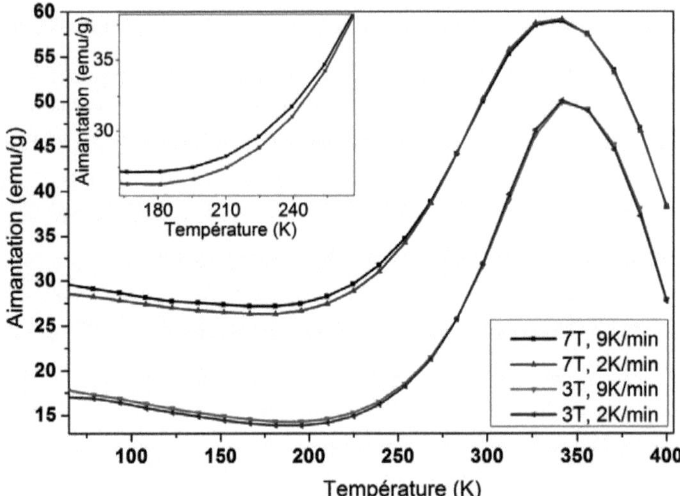

Figure 6.105: Mesures d'aimantation d'un film Ni$_{45,2}$Co$_{4,7}$Mn$_{36,2}$In$_{13,9}$ en fonction de la température pour deux valeurs de champs magnétiques, 3 T et 7 T, et pour deux vitesses de refroidissement, 2 K/min et 9 K/min. Un blocage plus important de la phase austénite est observé lorsque la valeur du champ magnétique et la vitesse de refroidissement augmentent. Dans l'insert est représenté un agrandissement de la mesure sous 7 T.

B) Relaxation de l'aimantation avec le temps

Pour étudier les cinétiques de blocage de la phase austénite, nous avons entrepris des mesures de relaxation de l'aimantation. Pour cela, l'échantillon est refroidi à différentes températures sous un champ de 7 T à une vitesse de 9 K/min depuis un état totalement austénitique à

400 K. L'évolution de l'aimantation isotherme est alors observée, comme le montre la Figure 6.106. Le temps de stabilisation de la température est rapide et inférieur à une minute. La variation de la température lors de la mesure, dépasse rarement 0,2 K sur les 10 premières minutes. Ensuite la température est extrêmement stable (< 0,002 K). Une variation de la température de 0,2 K entraîne une variation maximale de l'aimantation de 0,2% à 7 T (Figure 6.105). Etant donnée l'évolution importante de l'aimantation avec le temps comme le montre la Figure 6.106, on négligera donc à la fois les effets liés à la régulation en température et ceux liés au temps de stabilisation.

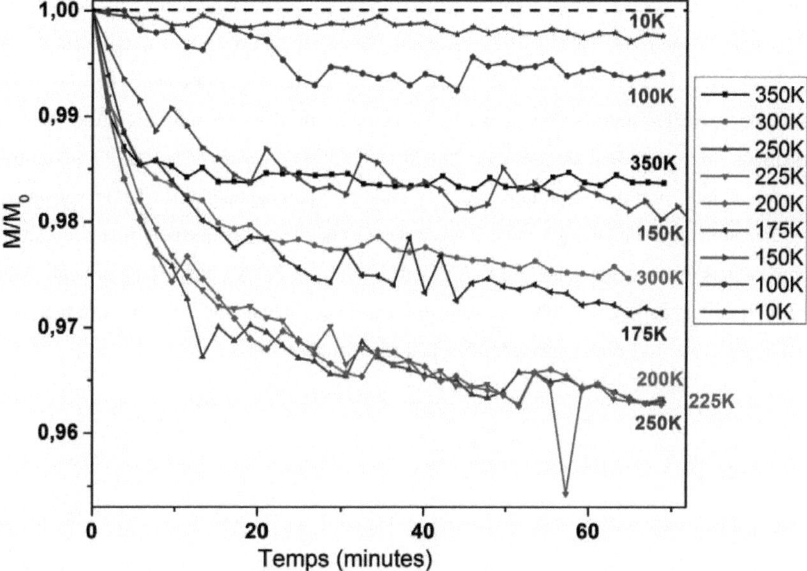

Figure 6.106 : Relaxation de l'aimantation isotherme d'un film $Ni_{45,2}Co_{4,7}Mn_{36,2}In_{13,9}$ à différentes températures (de 10 K à 350 K) sous un champ de 7 T. La vitesse de refroidissement depuis un état totalement austénitique à 400 K a été fixée à 9 K/min.

On voit très clairement que la relaxation de l'aimantation est la plus importante pour des températures entre 200 K et 250 K, soit en-dessous de A_S et au-dessus de M_F. C'est un domaine de métastabilité important des deux phases où la nucléation et la croissance de la martensite s'effectuent. On peut voir sur la Figure 6.99 que c'est surtout dans cette zone que la différence de résistivité, entre un processus de ZFC et FCC augmente de façon importante, avant de se stabiliser. C'est donc en effet la zone sur laquelle le processus de relaxation est potentiellement le plus important. Pour des températures inférieures, le temps de relaxation devient nettement plus important, comme on le voit sur les Figure 6.106 et Figure 6.107. La relaxation de l'aimantation existe alors toujours mais de manière quasiment infime.

1) *Dépendance en température du temps de relaxation*

La variation de l'aimantation en fonction du temps peut être décrite par une fonction de Kohlrausch-Williams-Watt (KWW) de type exponentielle décroissante « $\exp(-(t/\tau)^{\beta})$ » où τ est le temps de relaxation et β un facteur de forme compris entre 0,1 et 1.(voir Figure 6.107). Pour notre échantillon, le facteur de forme a été fixé à 0,3 de manière empirique. En effet lorsque l'on calcule le temps de relaxation et le facteur de forme depuis les courbes fittées, comme sur la Figure 6.107 b), ce dernier varie de 0,2 à 0,3 et les simulations présentent une très bonne similitude avec les courbes expérimentales. Une exception demeure à 350 K où les calculs prédisent alors un facteur de forme de 0,08 et où l'utilisation d'un facteur de forme de 0,3 conduit à une mauvaise similitude avec la courbe expérimentale. En effet la valeur du coefficient de détermination R^2 chute alors en-dessous de 0,5 ; alors que pour toutes les autres températures elle est supérieure à 0,8 (0,89 entre 100 K et 300 K). Il est donc possible qu'à 350 K les effets de KA soit faibles devant l'influence des fluctuations thermiques, si bien que la relaxation est alors principalement liée à la nucléation/croissance.

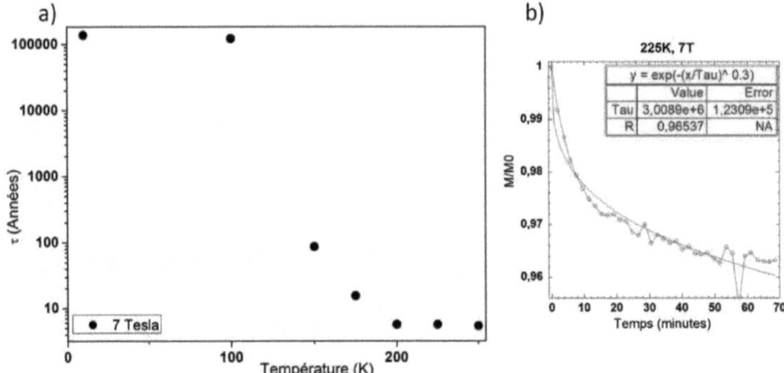

Figure 6.107: a) Temps de relaxation de l'aimantation en fonction de la température. On voit bien l'évolution de la relaxation en fonction de la température. b) Simulation de la relaxation de l'aimantation à 225 K par la fonction de KWW.

On observe qu'en deçà d'une certaine valeur ($\sim$ 100 K) le temps de relaxation augmente beaucoup plus. À plus haute température, la relaxation devient plus importante (facteur 1000 sur τ). Le temps d'incubation lié à la nucléation et à la croissance de la phase martensitique ainsi que les effets de ralentissement ou de blocage de cette dernière seront donc plus clairement observables. En effet, c'est sur cette gamme de températures, que l'on observe sur la Figure 6.105 le début du décalage de la mesure ($\sim$250 K) d'aimantation, dû à l'effet cinétique. Le maximum de décalage a alors lieu vers 180 K. Vers 350 K, la relaxation de l'aimantation est différente. On observe alors qu'au bout de quelques minutes seulement la valeur de l'aimantation est stabilisée. Les calculs de τ indiquent des temps de relaxation qui augmentent de manière importante, mais les coefficients de détermination montrent que cette relaxation est différente. Différentes origines physiques peuvent expliquer ce comportement différent. À 350 K une plus grande différence d'enthalpie (magnétique et structurale) entre les deux phases fait que l'interface se déplacera moins facilement. Il peut aussi y avoir une erreur de mesure due au fait qu'à ces températures la relaxation est si rapide que l'incertitude sur la valeur de l'aimantation initial M_0 est alors très importante.

2) *Cinétique thermodynamique de la transformation structurale et sa dépendance avec le champ magnétique*

Comme nous l'avons vu, l'application d'un champ magnétique diminue les températures de transformation structurale et fige la phase austénite aux basses températures. Rappelons que le champ magnétique a une forte influence sur la transformation structurale (cf Figure 6.105). Cette fois la vitesse de refroidissement depuis 400 K a été fixée à 9 K/min et des mesures de relaxation ont été effectué sous 0,005 T, 3 T et 7 T.

Une étude de la relaxation sous champ quasi-nul (0,005 T), donc sans effet de KA, montre une relaxation de l'aimantation à 250 K (Figure 6.108). Ceci montre que la transformation martensitique de nos films est en partie isothermique. On observe sur la Figure 6.108 que l'application d'un champ magnétique augmente le temps de relaxation. De plus l'intensité du champ tend à amplifier l'effet du KA. La simulation de la relaxation à l'aide de la fonction KWW a également pu être effectuée avec un coefficient de détermination R^2 supérieur à 0,87. Ainsi les temps de relaxation à 250 K, entre une mesure sous un champ de 3 T et de 7 T augmentent de 3,8 à 5,5 années. L'effet du champ magnétique sur le blocage de la transformation a déjà été observé dans la littérature, avec notamment un état austénitique totalement gelé à basse température sur massif polycristallin sous 5 T (W. Ito, 2008). En revanche, aucune étude n'a été réalisée jusqu'à présent sur la relaxation d'alliage de type Heusler en films minces ou épais.

On peut donc conclure des études précédentes que τ dépend de manière très importante de la température, mais également, de l'intensité du champ magnétique appliqué. De plus, le blocage de la phase haute température ne se produit que lorsque l'on applique un champ magnétique.

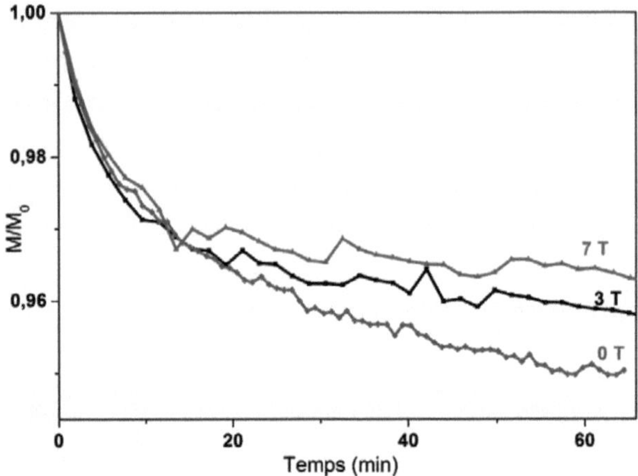

Figure 6.108 : Comparaison de la relaxation de l'aimantation isotherme à 250 K sous différents champs magnétiques (0,005 T 3 T et 7 T).

3) *La cinétique de la transformation structurale, avec et sans champ, dans la littérature*

Pour des transformations martensitiques sans champ magnétique, donc sans effet de *kinetic arrest*, Kustov et al ont montré que sur un alliage Ni-Ti la transformation martensitique était totalement isothermique *(S. Kustov, 2012)*. L'origine de cette transformation isothermique est attribuée à la nécessité pour l'interface austénite/martensite de franchir certains défauts par thermo-activation. Les fluctuations thermiques sont aussi nécessaires pour créer les défauts de structure dans la martensite (voir martensite 10M et 14M dans le chapitre 1).

Pour Kakeshita et al, la transformation structurale peut commencer quand un certain groupe d'atomes est simultanément excité sur un site localisé de l'austénite, ou quand l'écart en énergie Δ devient nul. Avec $\Delta = \delta - \Delta G$, où δ et ΔG représente respectivement la force nécessaire pour commencer la transformation structurale et la différence d'énergie libre de Gibbs entre l'austénite et la martensite. Le blocage de la phase austénitique est attribué à une dépendance de ΔG avec la température et le champ magnétique *(T. Kakeshita, 1993)*. Pour les matériaux de type Heusler Ni-Mn-X (X= In, Sn et Sb), l'application d'un champ magnétique va décaler ΔG vers les basses températures. Si ΔG reste sur une dépendance linéaire avec la température, la transformation sera athermique, si ΔG acquiert, une dépendance parabolique avec la température, la transformation deviendra isothermique (voir *Figure 6.109*). Parallèlement, d'autres forces, telle que la pression, peuvent décaler la valeur de ΔG dans un sens ou l'autre.

D'autres modèles de transformation martensitique ont été proposés dans la littérature *(L. Müller, 2006)*.

Pour Planes et al, la qualification de transformation isothermique ou athermique est liée à la différence de vitesse des fluctuations thermiques et la vitesse du changement de température *(A. Planes, 2004)*. Ainsi, si les fluctuations sont beaucoup plus rapides que l'évolution de la température, la transformation sera forcément athermique.

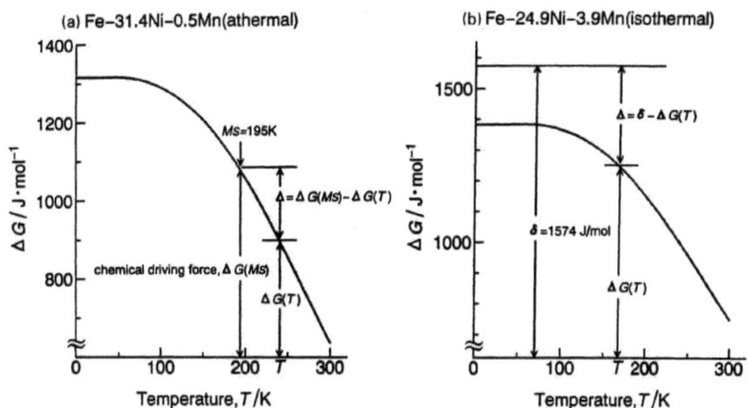

Figure 6.109: Différence d'énergie libre de Gibbs entre l'austénite et la martensite pour deux matériaux de type Heusler ; a) Fe$_{31,0}$Ni$_{0,5}$Mn$_{68,5}$ et b) Fe$_{24,7}$Ni$_{3,7}$Mn$_{71,6}$.Tiré de (T. Kakeshita, 1993).

Kustov et al *(S. Kustov, 2009)* ont réalisé une étude de KA sur des massifs polycristallins de composition Ni$_{45,0}$Co$_{5,0}$Mn$_{36,7}$In$_{13,3}$. Ils ont alors effectué une comparaison entre des échantillons élaborés suivant deux méthodes : trempés dans de l'eau, ou refroidis lentement. Il corrèle ensuite l'effet KA à la valeur de ΔS (qui varie de 10 à 35 J/kgK dans ces échantillons) ainsi qu'à la différence entre la température de transformation structurale et la température de Curie.

Des effets de *kinetic arrest* ont entraîné un blocage total de la transformation structurale sur un alliage $Ni_{37}Co_{11}Mn_{42,5}Sn_{9,5}$ sous un champ magnétique de 5 T *(R. Y. Umetsu, 2011)*. Umetsu et al estime que le blocage se produit quand la contribution magnétique et structurale de ΔS se compensent *(R.Y. Umetsu, 2009)*. Le champ magnétique réduit l'entropie magnétique $S_{mag\text{-}A}$ de la phase austénite à une valeur inférieure à l'entropie magnétique $S_{mag\text{-}M}$ de la phase martensite si bien que $S_{mag\text{-}A} < S_{mag\text{-}M}$. On a alors $\Delta S_{mag} = S_{mag\text{-}A} - S_{mag\text{-}M} \ll 0$. La phase austénite devient alors plus stable que la phase martensite. La mobilité de l'interface est alors grandement réduite et la transformation finit par être totalement bloquée *(R.Y. Umetsu, 2009)*. Pour le moment, il nous est difficile de trancher entre toutes les hypothèses exposées ci-dessus et issues de la littérature. Il semble cependant que les microstructures des matériaux aient une influence notable sur le phénomène de KA. Ceci fait l'objet du paragraphe suivant.

4) *Blocage de transformation dans les massifs et comparaison avec le film*

Nous avons observé les mêmes effets sur un monocristal et un polycristal $Ni_{50}Mn_{34,5}In_{15,5}$ (*Figure 6.110*). Notons que ces échantillons présentent quelques différences importantes. L'hystérésis de la transformation structurale est moins large et s'étale de 100 à 200 K pour le monocristal et de 100 à 240 K pour le polycristal. Pour les deux massifs, les deux phases sont ferromagnétiques, avec une aimantation de la phase martensite moins élevée que celle de la phase austénite. Enfin, pour le massif monocristalin, la transformation structurale est quasiment totalement bloquée avec un champ magnétique de 7 T et l'est totalement lorsque le champ atteint 9 T. La résistivité de la phase austénite reste plus faible que celle de la phase martensite, comme dans nos films. Les temps de relaxation τ, pour des champs égaux ou inférieurs à 7 T, sont alors beaucoup plus courts, de l'ordre de quelques dizaines de journées au lieu de quelques années pour les films.

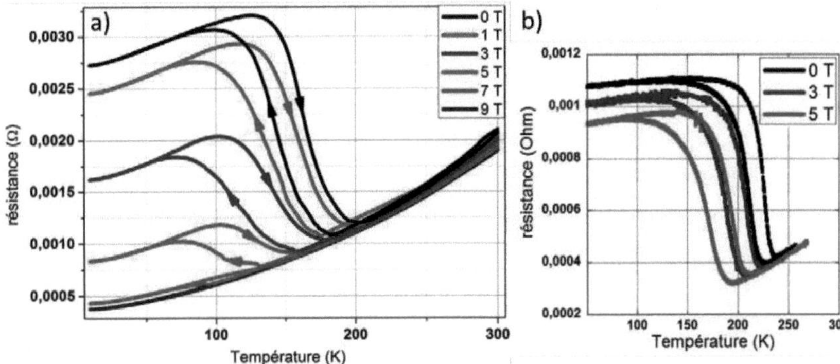

Figure 6.110: Evolution de la résistivité en fonction de la température sous différents champs magnétiques pour des massifs de même composition. a) cas d'un massif monocristallin et b) cas d'un massif polycristallin. Pour le massif monocristallin, les effets de KA sont fortement visibles et bloque totalement la transformation sous 9 T.

La *Figure 6.111* représente l'évolution du taux de phase austénite bloquée par le champ magnétique pour les trois matériaux (massif monocristallin, massif polycristallin et film). L'échantillon monocristallin montre un blocage total de transformation sous un champ magnétique de 9 T, ce qui n'est pas le cas pour l'échantillon polycristallin (*Figure 6.111*). Il est par conséquent possible que les microstructures et/ou les défauts (tels que les joints de grains), aient un rôle important sur le phénomène de KA.

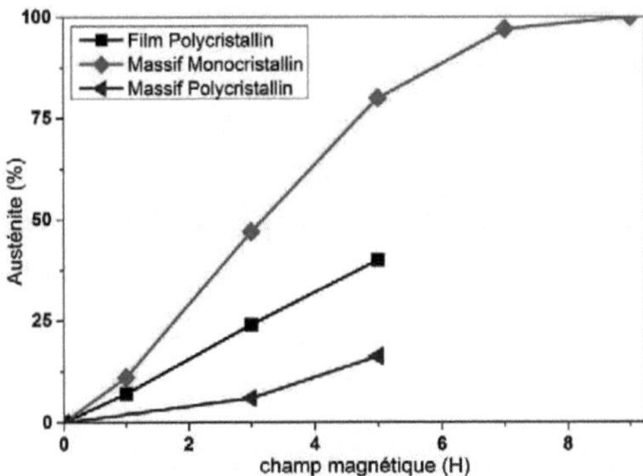

Figure 6.111: Evolution de la quantité d'austénite bloquée à basse température en fonction du champ magnétique appliqué lors du refroidissement. Pour un film polycristallin de composition : $Ni_{45,2}Co_{4,7}Mn_{36,2}In_{13,9}$ et un massif de composition : $Ni_{50}Mn_{34,5}In_{15,5}$ monocristallin et polycristallin.

IV)   Conclusion

Au cours de ce chapitre nous avons pu étudier la transformation martensitique à l'aide de mesures de résistivité en fonction de la température et du champ magnétique. Selon les conditions d'obtention de l'isotherme, la résistivité peut évoluer sous champ magnétique de manière irréversible.

Nous avons étudié l'évolution de la résistivité sous champ magnétique de manière isotherme à différentes températures selon deux protocoles (ZFCW et ZFC). Lorsque la variation de la température a une action concomitante avec l'effet du champ (protocole ZFCW) la magnétorésistance est alors très élevée et irréversible. En revanche si l'effet de la température est antagoniste avec celui du champ (protocole ZFC) alors la magnétorésistance est de l'ordre de grandeur de la magnétorésistance classique et est réversible.

Il a également été montré dans ce chapitre que la transformation martensitique (sans champ magnétique) relaxe dans le temps, car la transformation est en partie isothermique. Les temps de relaxation sont modifiés par le KA *(kinetic arrest)*, phénomène de blocage de la phase austénite sous champ magnétique. La transformation structurale peut même être totalement bloquée par l'application d'un champ magnétique suffisant.

Dans ces matériaux de type Heusler Ni-Mn-In, le champ magnétique décale l'énergie libre de Gibbs ΔG entre les phases austénitie/martensite vers les basses températures. En fonction des stoechiométries, la variation de ΔG avec la température reste linéaire ou non, modifiant l'entropie des phases dans ce dernier cas. Il en résulte que la force δ nécessaire à la transformation martensitique est également modifiée. La mobilité de l'interface austénite/martensite peut alors être grandement réduite et la phase austénite peut finalement être bloquée même à basses températures, expliquant en partie le *kinetic arrest*. Une étude réalisée sur des massifs monocristallins et polycristallins de même composition montre que le premier présente un effet de blocage avec le champ bien plus important que le second permettant d'envisager un lien entre microstructure et phénomène de KA.

Conclusion générale et perspectives

Nous présentons ici les principaux résultats obtenus durant ce travail ainsi que les perspectives qui en découlent.

Le travail effectué durant cette thèse a permis l'obtention d'un film libéré de type Heusler Ni-Co-Mn-In possédant une température de transformation à la température ambiante tel qu'était fixé l'objectif initial du projet ANR intitulé MAFHENIX (Matériaux Fonctionnels de type Heusler Ni-Mn-X).

Une étude a été réalisée sur la stœchiométrie des dépôts obtenus en utilisant des procédés de pulvérisation monocible et multicibles. Il s'avère qu'en utilisant le procédé de co-pulvérisation, la composition des films peut être ajustée en appliquant certaines conditions de dépôt. Une couche sacrificielle de résine photosensible a permis d'obtenir des films libérés. Un recuit *ex-situ* à différentes températures entraine la cristallisation du film dans une structure typique des matériaux de type Heusler recherchés. L'extrême sensibilité à la composition des températures de transformation et des états magnétiques des phases martensite et austénite a ensuite été confirmée.

L'objectif, à terme, de ce travail est l'élaboration et l'obtention de films avec de faibles contraintes internes pour améliorer la tenue mécanique lors de la libération, condition nécessaire au développement de microdispositifs basés sur les changements de propriétés lors de la transition de phase. Pour cela, l'étude de l'influence des conditions de dépôt sur les microstructures et sur les propriétés mécaniques des films élaborés par co-pulvérisation doit être poursuivie.

De nombreux dispositifs découlent des propriétés magnétiques que possèdent les alliages magnétiques de type Heusler. C'est pourquoi, nous avons mené une étude AFM et MFM couplée à des analyses EBSD pour déterminer l'état microstructural et magnétique des grains de martensite et d'austénite des films élaborés par co-pulvérisation. L'austénite est ferromagnétique avec des domaines magnétiques dont les directions devront être couplées aux orientations cristallographiques déterminées par EBSD. Aucun domaine magnétique n'a été observé pour la martensite ne permettant pas de savoir si elle est antiferromagnétique, paramagnétique ou faiblement ferromagnétique. La martensite possède des macles qui peuvent se propager de façon continue de grains en grains au travers des joints de grains.

Nous avons également pu mettre en évidence, pour la première fois par MFM, la transformation induite par le champ magnétique après application d'un champ magnétique de 4T.

La température de transformation structurale, déduite des mesures d'aimantation, varie linéairement avec e/a. De plus l'état magnétique des différentes phases est différent en fonction des compositions. Le film avec un e/a de 7,95 présente une phase martensitique faiblement ferromagnétique et une phase austénite ferromagnétique. La transformation structurale s'échelonne entre 250 K et 360 K et la température de Curie de la phase austénite est de 400 K. Parallèlement, l'application d'un champ magnétique décale les températures de transformation structurales d'environ -3,1 K/T. A partir des équations de Maxwell, une variation d'entropie de 4 J/kgK à 350 K en appliquant un champ de 5 T a été obtenue. Il en résulte une valeur de RCP (*Relative Cooling Power*) à cette même température de 22 J/kg sous 1 T et de 117 J/kg sous 5 T montrant des potentialités intéressantes pour des applications micro-magnétocaloriques. Nous pouvons donc voir qu'un contrôle de la composition permet d'ajuster les propriétés fonctionnelles des films, ainsi que la température à laquelle se produit l'effet souhaité.

Ainsi, un dispositif magnéto-actif utilisant un morceau de film libéré a pu être élaboré et testé. Il se base sur le changement d'état magnétique lorsque le matériau est chauffé et sur la transformation de phase induite par le champ magnétique.

Nous avons également mesuré, à notre connaissance pour la première fois sur des films de type Ni-Co-Mn-In, les propriétés magnétiques sous pression isotrope. La pression décale les températures de transformation structurale de quelques kelvins par centaine de mégapascals mais ne change pas la valeur de la variation d'entropie. Il est donc possible d'affiner le contrôle de la température de transformation structurale en variant le champ magnétique et la pression appliqués à composition fixe. De plus, la possibilité de varier la pression appliquée permet de changer les propriétés magnétiques et mécaniques en changeant la fraction des phases volumiques présentes ainsi que leurs effets couplés combinés. Ceci ouvre un nouveau et vaste champ d'applications potentielles.

L'hystérésis thermique de la transformation structurale sans champ ou sous champ magnétique est à la fois un atout et un frein suivant les applications visées. Les conditions permettant de la réduire ou de l'augmenter sont donc nécessaires. C'est pourquoi la dernière partie de cette thèse a porté sur l'étude de l'irréversibilité et du blocage de la transformation structurale induit par le champ magnétique (*kinetic arrest*). Les phases en présence après transformation sont fortement dépendantes du protocole thermique. En effet, lorsqu'un champ est appliqué sur un isotherme de l'hystérésis atteint au cours du refroidissement, soit lorsqu'on vient de la phase austénite, la magnétorésistance est réversible et revient à sa valeur initiale lorsque le champ magnétique redevient nul. A l'inverse, la magnétorésistance évolue de manière irréversible lorsqu'on atteint une température du cycle depuis les basses températures. Ceci est dû au fait que le champ magnétique stabilise la phase austénite, plus magnétique. Lorsque ce dernier est appliqué au cours du chauffage de la martensite, son action va dans le sens de l'équilibre thermodynamique qui est de nucléer la phase austénite à haute température.

Lorsqu'il y a un blocage de la phase austénite sous champ, les valeurs attendues de magnétorésistances ne peuvent être déduites des courbes de thermorésistivité sous champ magnétique car ces dernières ne représentent pas l'équilibre thermodynamique. En effet le blocage de la phase magnétique correspond à un état vitreux magnétique avec gel de la phase à haute température qui dépend à la fois de la cinétique de refroidissement et de l'amplitude du champ magnétique. Les temps de relaxations sont élevés et peuvent atteindre une centaine d'années sous 7 T à 250 K. En utilisant les valeurs obtenues à partir des courbes réversibles et irreversibles, nous avons montré qu'il est possible de reconstruire à l'équilibre thermodynamique les courbes de résistivité en fonction de la température sous champ magnétique sans blocage de la phase austénite.

Perspectives de ce travail

Une étude par diffraction des rayons X à basse température du film Ni-Co-Mn-In, nous permettrait de mieux connaitre la structure cristallographique de la phase martensitique. Cette étude pourrait être complétée par des analyses TEM (notons que le traitement des mesures de diffraction aux neutrons à différentes températures pour des poudres de massifs de composition $Ni_{45}Co_5Mn_{37,5}In_{12,5}$ et $Ni_{50}Mn_{34,5}In_{15,5}$ sont actuellement en cours). Il serait alors envisageable de faire des analyses EBSD des domaines de variantes martensitiques afin de déterminer l'orientation cristallographique des grains polycristallins.

Il pourrait également être intéressant de réaliser une étude approfondie sur la corrélation entre orientation cristallographique des grains et type de domaines magnétiques (forme, taille et orientation).

Pour ce faire, il est important d'élaborer des films de compositions maitrisés épitaxiés et libérés partiellement ou totalement. C'est l'un des enjeux futurs pour mieux comprendre les mécanismes des propriétés fonctionnelles de ces matériaux mais aussi pour concevoir des microdispositifs thermoactivables.

Enfin, nous aimerions mieux connaître l'influence de la microstructure sur le blocage de la transformation sous champ magnétique. Nous envisageons prochainement d'étudier les effets de l'orientation du champ magnétique appliqué aux différentes orientations cristallographiques d'un massif monocristallin ou d'un film épitaxié. Il nous semble également intéressant d'étudier plus profondément l'influence des inhomogénéités stœchiométriques et des tailles de grains sur la nucléation et la croissance de la martensite et leurs rôles respectifs sur le phénomène de *kinetic arrest*.

Bibliographie

[Backen.A, 2013] Backen.A, Kauffmann-Weiss.S, Behler.C, Diestel.A, Niemann.R, Kauffmann.A, Freudenberger.J, Schultz.L et Fähler.S «Mesoscopic twin boundaries in epitaxial Ni-Mn-Ga films» *Cornell University Library*; **1311.5428** (2013).

[Backen.A, 2010] Backen.A, Yeduru.S.R, Kohl.M, Baunack.S, Diestel.A, Holzapfel.B, Schultz.L et Fähler.S «Comparing properties of substrate-constrained and freestanding epitaxial Ni-Mn-Ga films» *Acta Materialia*; **58**, 3415 (2010).

[Baron.M-P, 1998] Baron.M-P «Etude du comportement des interfaces austénite/martensite et martensite/martensite de deux alliages à effet memoire de forme:Le CuZnAl et le CuAlBe» *Thése, Insa-lyon*, (1998).

[Bennett.J.C, 2004] Bennett.J.C, Hyatt.C.V, Gharghouri.M.A, Farrell.S, Robertson.M, Chen.J et Pirge.G «In situ transmission electron microscopy studies od directionally solidified Ni-Mn-Ga ferromagnetic shape memory alloys» *Materials Science and Engineering*; **378**, 409 (2004).

[Bernard.F, 2014] Bernard.F «Couches minces d'alliages à mémoire de forme Ni_2MnGa» *Thèse, Université de Franche-Comté*, (2015).

[Billard.A, 2005] Billard.A et Perry.F «Pulvérisation cathodique magnétron» *Technique de l'ingénieur* **M1654** (2005).

[Biswas.C, 2011] Biswas.C et Singh.S «Magnetoresistance origin in martensitic and austenitic phases of Ni2Mn1+xSn1-x» *Applied Physics Letters*; **98**, 212101 (2011).

[Bourgault.D, 2010, a] Bourgault. D, Tillier.J, Courtois.P, Maillard.D et Chaud.X «Large inverse magnetocaloric effect in Ni45co5Mn37.5In12.5 single crystal above 300K» *Applied Physics Letters*; **96**, 132501 (2010).

[Bourgault.D, 2010, b] Bourgault.D, Tillier.J, Courtois.P, Chaud.X, Caillault.N et Carbone.L «Large Magneto-caloric effect in Ni-Co-Mn-In systems at room temperature» *Physica Procedi* ; **10**, 120 (2010).

[Chen.F, 2010] Chen.F, Tong.Y.X, Tian.B, Zheng.Y.F and Liu.Y «Time effect of martensitic transformation in Ni43Co7Mn41Sn9» *Intermetallics*; **18**, 188 (2010).

[Chernenko.V.A, 2005] Chernenko.V.A, Anton.R.L, Kohl.M, Ohtsuka.M, Orue.I et Barandiaran.J.M «Magnetic domains in Ni-Mn-Ga martensitic thin films» *Journal of physics: Condensed Matter*; **17**, 5215 (2005).

[Chernenko.V.A, 2006] Chernenko.V.A, Kohl.M, Ohtsuka.M, Takagi.T, L'vov.V.A et Kniazkyi.V.M «Thickness dependence of transformation chracteristics of Ni-Mn-Ga thin films deposited on alumina: Experiment and modeling» *Meterials Science and Engineering A*; **438**, 944 (2006).

[Cong.D.Y, 2007] Cong.D.Y, Zhang.Y.D, Wang.Y.D, Humbert.M, Zhao.X, Watanabe.T, Zuo.L et Esling.C «Experiment and theoretical prediction of martensitic transformation crystallography in a Ni-Mn-Ga ferromagnetic shape memory alloy» *Acta Materialia*; **55**, 4731 (2007).

[Cong.D.Y, 2010] Cong.D.Y, Roth.S, Pötschke.M, Hürrich.C et Schultz.L «Phase diagram and composition optimization for magnetic shape memory effect in Ni-Co-Mn-Sn alloys» *Applied Physics Letters*; **97**, 021908 (2010).

[De Vos.J, 1978] De Vos.J, Delaey.L et Aernoudt.E «Theoretical analysis and physical transformation model for self-accommosating group of 9R martensitic variants Z» *Metallkd*; **69**, 511 (1978).

[Dincer.I, 2010] Dincer.I, Yüzüak.E et Elerman.Y «Influence of irreversibility on inverse magnetocaloric and magnetoresistance properties of the (Ni,Cu)50Mn36Sn14» *Journal of Alloys and Compounds*; **506**, 508 (2010).

[Dong.J.W, 2004] Dong.J.W, Xie.J.Q, Lu.J, Adelmann.C, Palmstrom.C.J, Cui.J, Pan.Q, Shield.T.W, James.R.D et McKernan.S «Shape memory and ferromagnetic shape memory effect in single-crystal Ni2MnGa thin films» *Journal of Applied Physics*; **95**, 2593 (2004).

[Dubenko.I, 2012] Dubenko.I, Samanta.T, Pathak.A.K, Kazakov.A, Prudnikov.V, Stadler.S, Granovsky.A, Zhukov.A et Ali.N «Magnetocaloric effect and multifunctional properties of Ni-Mn-based Heusler alloys» *Journal of Magnetism and Magnetic Materials*; **324**, 3530 (2012).

[Dubowik.J, 2004] Dubowik.J, Kudryavtsev.Y.V et Lee.Y.P «Ferromagnetic resonance observation of martensitic phase transformation in Ni2MnGa films» *Journal of Magnetism and Magnetic Materials*; **272**, 1178 (2004).

[Dubowik.J, 2007] Dubowik.J, Goscianska.I, Kudryavtsav.Y.V et Szlaferek.A «Magnetic properties and structure of thin Ni-Mn-Sn films and alloy» *Journal of Magnetic Material*; **310**, 2773 (2007).

[Dubowik.J, 2012] Dubowik.J, Zaleski.K, Goscianska.I, Glowinski.H and Ehresmann.A «Magnetoresistance and its relation to magnetization in Ni50Mn35Sn15 shape-memory epitaxial films» *Applied Physics Letters*; **100**, 162403 (2012).

[Eichhorn.T, 2011] Eichhorn.T, Hausmanns.R et Jakob.G «Microstructure of freestanding single-crystalline Ni2MnGa thin films» *Acta Materialia*; **59**, 5067 (2011).

[Esakki.S, 2014] Esakki.S, Muthu.S, Kanagaraj.M, Singh.S, Sastry.P.U, Ravikumar.G, Rama Rao.N.M, Raja.M.M et Arumugam.S «Hydrostatic pressure effects on martensitic transition, magnetic and magnetocaloric effect in Si doped Ni-Mn-Sn Heusler alloys» *Journal of Alloys and Compounds*; **584**, 175 (2014).

[Fathi.R, 2012] Fathi.R et Sanjabi.S «Electrodeposition of nanostructured NiMn alloys films from chloride bath» *Current Applied Physics*; **12**, 89 (2012).

[Fruchart.O, 2006] Fruchart.O «Couches minces et nanostructures» *Cours de Physiques*; (2006).

[Fujiteda, 2002] Fujieda.S, Fujita.A et Fukamichi.K «Largemagnetocaloric effect in La(Fe$_x$Si$_{1-x}$)$_{13}$ itinerant-electron metamagnetic compounds» *Applied Physics Letters*; **81**, 1276 (2002).

[Fujita.A, 2000] Fujita.A , Fukamichi.K, Gejima.F, Kainuma.R et Ishida.K «Magnetic properties and large magnetic-field-induced strains in off-stoichiometric Ni-Mn-Al Heusler alloys» *Applied Physics Letters*; **77**, 3054 (2000).

[Giapintzakis.J, 2002] Giapintzakis.J, Grigorescu.C, Klini.A, Manousaki.A, Zorba.V, Androulakis.J, Viskadourakis.Z et Fotakis.C «Pulsed-laser deposition of NiMnSb thin films at moderate temperatures» *Applied Surface Science*; **197**, 421 (2002).

[Grafa.T, 2011] Grafa.T, Felser.C, Parkin. S «Simple rules for the understanding of Heusler compounds» *Progress in Solid State Chemistry*; **39**, 1 (2011).

[Gschneidner.K.A, 2005] Gschneidner.K.A, Pechrasky.V.K et Tsokol.A.O «Recent developpements in magnetocaloric materials» *Report in Progessal Physics*; **68**, 1479 (2005).

[Hakola.A, 2007] Hakola.A, Heczko.O, Jaatinen.A, Kekkonen.V et Kajava.T «Substrate-free structures of iron-doped Ni-Mn-Ga thin films prepared by pulsed laser deposition» *Journal of Physics: Conference Series*; **59**, 122 (2007).

[Ito.W, 2007] Ito.W, Imano.Y, Kainuma.R, Sutou.Y, Oikawa.K and Ishida.K «Martensitic and Magnetic transformation Behaviors in Heusler-type NiMnIn and NiCoMnIn Metamagnetic Shape Memory Alloys» *Metallurgical and Materials Transactions A*; **38**, 759 (2007).

[Ito.W, 2008] Ito.W, Ito.K, Umetsu.R.Y, Kainuma.R, Koyama.K, Watanabe.K, Fujita.A, Oikawa.K, Ishida.K et Kanomata.T «Kinetic arrest of martensitic transformation in the NiCoMnIn metamagnetic shape memory alloy» *Applied Physics Letters*; **92**, 021908 (2008).

[James.R.D, 1998] James.R.D et Wuttig.M « Magnetostriction of Martensite» *Philosophical Magazine A;* **77**, 1273 (1998).

[Ji.Y..Z, 2011] Ji.Y.Z, Nie.Z.H, Chen.Z, Liu.D.M, Wang.Y.D, Wang.G, Zuo.L, Xing.D.W et Sun.J.F «Flexible bamboo-structured NiCoMnIn mircofibers wwith Magnetic-Field-Induced Reverse Martensite Transformation» *Metallurgical and materials Transactions A*; **42A**, 3581 (2011).

[Jing.C, 2013] Jing.C, Yang.Y, Wang.X, Liao.P, Zheng.D, Kang.B, Cao.S, Zhang.J, Zhu.J et Li.Z «Epitaxial growth of single-crystalline Ni46Co4Mn37In1 thin film and investigation of its magnetoresitance» *Progress in Natural Science: Materials International*; **24**, 19 (2014).

[Jornadas.S, 2003] Jornadas.S «The martensitic transformation: some current topics of investigation» *Simposio Materia*, C-01 (2003).

[Kainuma.R, 2006] Kainuma.R, Imano.Y, Ito.W, Sutou.Y, Morito.H, Okamoto.S, Kitakami.O, Oikawa.K, Fujita.A, Kanomata .T et Ishida.K «Magnetic-field-induced shape recovery by reverse phase transformation» *Nature* **439**, 957 (2006).

[Kakeshita.T, 1993] Kakeshita.T, Kuroiwa.K, Shimizu.K, Ikeda.T, Yamagishi.A et Date.M «A New Model explainable for both tha athermal and isothermal natures of martensitix transformation in Fe-Ni-Mn Alloys» *Material Transaction*; **34**, 423 (1993).

[Kakeshita.T, 2000] Kakeshita.T, Takeuchi.T, Fukuda.T, Saburi.T, Oshima.R, Muto.S and Kishin.K. « Magnetic Field-Induced Martensitic Transformation and Giant Magnetostriction in Fe-Ni-Co-Ti and Ordered Fe$_3$Pt Shape Memory Alloys» *Materials Transaction*; 41, 882 (2000).

[Kanomata.T, 1987] Kanomata.T, Shirakawa.K et Kaneko.T «Effect of Hydrostatic pressure on the Curie temperature of the Heusler alloys Ni2MnZ (Z=Al,Ga,In, Sn and Sb)» *Journal of Magnetism and Magnetic Materials*; **65**, 76 (1987)

[Kaufmann.S, 2010] Kaufmann.S, Röbler.U.K, Heczko.O, Wuttig.M, Buschbeck.J, Schultz.L et Fähler.S «Adaptive Modulation of Martensites» *Physical Review Letters*; **104**, 145702 (2010).

[Kaufmann.S, 2011] Kaufmann.S, Niemann.R, Thersleff.T, Röbler.U.K, Heczko.O, Buschbeck.J, Holzapfel.B, Schultz.L et Fähler.S «Modulated martensite: why it forms and why it deforms easily» *New Journal of Physics*; **13**, 053029 (2011).

[Kaur.R, 2010] Kaur.R,et Vishnoi.D «Size dependance of martensite transformation température in nanostructured Ni-Mn-Sn ferromagnetic shape memory alloy thin films» *Surface & Coating Technology*; **204**, 3773 (2010).

[Khachaturyan.A.G, 1991] Khachaturyan.A.G, Shapiro.S.M et Semenovskaya.S «Adaptative phase formation in martensitic transformation» *Physical Review B*; **43**, 10832 (1991).

[Khan.M, 2008] Khan.M, Pathak.A.K, Paudel.M.R, Dubenko.I, Stadler.S et Ali.N «Magnetoresistance and field-induced structural transitions in Ni50Mn50-xSnx Heusler alloys» *Journal of Magnetism and Magnetic Materials*; **320**, 21 (2008).

[Koike.K, 2007] Koike.K, Ohtsuka.M, Honda.Y, Katsuyama.H, Matsumoto.M, Itagaki.K, Adachi.Y et Morita.H «Magnetoresistance of Ni-Mn-Ga-Fe ferromagnetic shape memory films» *Journal of Magnetism and Magnetic Materials*; **310**, 996 (2007).

[Krenke.T, 2005] Krenke.T, Duman.E, Acet.M, Wasserman.E.F, Moya.X, Manosa.L et

Planes.A «Inverse magnetocaloric effect in ferromagnetic Ni-Mn-Sn alloys» *Nature Materials*; **4**, 450 (2005).

[Krumhansl.J.A, 1990] J.A.Kurmhansl et Wenwu.C «Defect-induced heterogeneous transformations and thermal growth in athermal martensite» *Physical Review B*; **41**, 319 (1990).

[Kufib.M, 2005] Kufib.M, Schultz.F, Anton.R, Meier.G, (von)Sawilski.L et Kötzler.J «Structural and magnetic properties of Ni2MnIn» *Journal of Magnetism and Magnetic Material*; **290**, 591 (2005).

[Kustov.S, 2009] Kustov.S, Corro.M.L, Pons.J et Cesari.E «Entropy change and effect of magnetic field on martensitic transformation in a metamagnetic Ni-Co-Mn-In shape memory alloy» *Applied Physics Letters*; **94**, 191901 (2009).

[Kustov.S, 2012] Kustov.S, Sals.D, Cesari.E, Santamarta.R et Van Humbeeck.J «Isothermal and athermal martensitic transformations in Ni-Ti shape memory alloys» *Acta Materialia*; **60**, 2578 (2012).

[Lai.Y.W, 2007] Lai.Y.W, Scheerbaum.N, Hinz.D, Gutfleisch.O, Schäfer.R, Schultz.L et McCord.J «Absence of magnetic domin wall motion during magnetic field induced twin boundary motion in bulk magnetic shape memory alloys» *Applied Physics Letters*; **90**, 192504 (2007).

[Laughlin.D.E, 2005] Laughlin.D.E, Srinivasan.K, Tanase.M et Wang.L «Crystallographic aspect of L10 magnetic materials» *Acta Materialia*; **53**, 383 (2005).

[Laughlin.D.E, 2008] Laughlin.D.E, Jones.N.J, Schwartz.A.J, Massalski.T.B «Thermally activated martensite: its relationship to non-thermally activated (athermal) martensite» *Lawrence Livemore National Laboratory*; (2008).

[Lieberman.D.S, 1955] Lieberman.D.S, Wechsler.M.S et Read.T.A «ubic to Orthorombic Diffusionless Phase Change - Experimental and Theoretical Studies of AuCd» *Journal of Applied Phsics*; **26**, 473 (1955).

[Liu.C, 2008] Liu.C, Gao Z.Y, An.X, Wang.H.B, Gao. L.X et Cai.W «Surface charcateristics and nanoindentation study of NiMnGa ferromagnetic shape memory» *Applied Surface*

Science; **254**, 2861 (2008).

[Liu.J, 2008] Liu.J, Scheerbaum.N, Hinz.D, Gutfleisch.O «Magnetostructural transformation in Ni-Mn-In-Co ribbons» *Applied Physics Letters*; **92**, 162509 (2008).

[Manosa.L, 2010] Manosa.L, Gonzales-Alonso.D, Planes.A, Bonnot.E, Barrio.M, Tamarit.J-L, Aksoy.S et M. Acet «Giant solid-state barocaloric effect in the Ni-Mn-In magnetic shape-memory alloy» *Nature Materials*; **9**, 478 (2010).

[Manosa.L, 2011] Manosa.L, Gonzales-Alonso.D, Planes.A, Barrio.M, Tamarit.J.L, Titov.I.S, Acet.M, Bhattacharyya.A et Majumdar.S «Inverse barocaloric effect in the giant magnetocaloric La-Fe-Si-Co compound» *Nature Communication*; **2**, 595 (2011).

[Monroe.J.A, 2012] Monroe.J.A, Karaman.I, Basaran.B, Ito.W, Umetsu.R.Y, Kainuma.R, Koyama.K et Chumlyakov.Y.I «Direct measurement of large reversible magnetic-field-induced strain in Ni-Co-Mn-In metamagnetic shape memory alloys» *Acta Materialia*; **60**, 6883 (2012).

[Niemann.R, 2012] Niemann.R, Heczko.O, Schultz.L and Fähler.S «Metamagnetic transitions and magnetocaloric effect in epitaxial Ni-Co-Mn-In films» *Applied physics Letters*; **97**, 222507 (2010).

[Niemann.R, 2012] Niemann.R, Schultz.L et Fähler.S «Growth of sputter-deposited metamagnetic epitaxial Ni-Co-Mn-In» *Journal of Applied Physics*; **111**, 093909 (2012).

[Oikawa.K, 2001,a] Oikawa.K, Ota.T, Gejima.F, Ohmori.T, Kainuma.R and Ishida.K «Phase Equilibria and Phase Transformations in New B2-type Ferromagnetic Shape Memory Alloys of Co-Ni-Ga and Co-ni-Al Systems» *Material Transaction;* **42**, 2472 (2001).

[Oikawa.K, 2001,b] Oikawa.K, Wulff.L, Iijima.T, Gejima.F, Ohmori.T, Fujita.A, Fukamichi.K, Kainuma.R and Ishida.K «Promising ferromagnetic Ni-Co-Al shape memory alloy system» *Applied Physics Letters;* **79**, 3290(2001).

[Oikawa.K, 2002,a] K. Oikawa, T. Ota, T. Ohmori, Y. Tanaka, H. Morito, A. Fujita, R. Kainuma, K. Fukamichi and K. Ishida «Magnetic and martensitic phase transitions in ferromagnetic Ni-Ga-Fe shape memory alloys» *Applied Physics Letters;* **81**, 5201 (2002).

[Oikawa.K, 2002,b] K. Oikawa, T. Ota, Y. Sutou, T. Ohmori, R. Kainuma, K. Fukamichi and K. Ishida «Influence of Co Addition on Martensitic and Magnetic Transitions in Ni-Fe-Ga β Based Shape Memory Alloys» *Material. Transaction;* **43** 2360 (2002).

[Otsuka.K, 2001] Otsuka.K, Ren.X et Takeda.T «Experimental test for a possible isothermal martensitic transformation in a Ti-Ni alloy » *Scripta Materialia;* **45**, 145 (2001).

[Pecharsky.V.K, 1997] Pecharsky.V.K et Gschneidner.K.A «Giant Magnetocaloric Effect in $GD_5(Si_2Ge_2)$ » *Physical Review Letters;* **78**, 4494 (1997).

[Porcar.L, 2012] Porcar.L, Bourgault.D and Courtois.P «Large piezoresistance and magnetoresistance effects on Ni45Co5Mn37.5In12.5 single crystal» *Applied Physics Letters* **100**, 2012: 152405.

[Porcar.L, 2014] Porcar, Courtois.P, Crouigneau.G, Debray.J et Bourgault.D «Irreversibility of the martensitic transformation in Ni-Mn-In single crystal studied by resistivity under pressure and in situ optical observations» *Applied Physics Letters;* **105**, 151907 (2014).

[Pons.J, 2000] Pons.J, Chernenko.V.A, Santamarta.R et Cesari.E «Crystal structure of Martensitic phases in Ni-Mn-Ga shape memory alloys» *Acta Materialia;* **48**, 3027 (2000).

[Ranzieri.P, 2013] Ranzieri.P, Fabbrici.S, Nasi.L, Righi.L, Casoli.F, Chernenko.V.A, Villa.E et Albertini.F «Epitaxial Ni-Mn-Ga/MgO(100) thin films ranging in thickness from 10 to 100 nm» *Acta Materialia;* **61**, 263 (2013).

[Righi.L, 2008] Righi.L, Albertini.F, Villa.E, Paoluzi.A, Calestani.G, Chernenko.V, Besseghini.S, Ritter.C et Passaretti.F «Crystal structure of 7M modulated Ni-Mn-Ga martenistic phase» *Acta Materialia;* **56**, 4529 (2008).

[Rios.S, 2010] Rios.S, Karaman.I et Zhang.X «Crystallization and high temperature shape memory behavio of sputter-deposited NiMnCoIn thin films» *Applied Physics Letters;* **96**, 173102 (2010).

[Schryvers.D, 1995] Schryvers.D «Martensitic and Related Transformations in Ni-Al Alloys» *Journal de Physque IV;* **C2-225** (1995).

[Sharma.V.K, 2011] Sharma.V.K, Chattopadhyay.M.K et Roy.S.B «The effect of external pressure on the magnetiocaloric effect of Ni-Mn-In alloy» *Journal of Physical Condensed Matter*; **23**, 366001 (2011).

[Söderberg.O, 2004] Söderberg.O «Novel Ni-Mn-Ga alloys and their magnetic shape memory behaviour» *Laboratory of Physical Metallurgy and Materials Science, Thèse de Helsinki University of Technology*; (2004).

[Sokolov.A, 2013] Sokolov.A, Zhang.L, Dubenko.I, Samanta.T, Stadler.S et Ali.N «Evidence of Martensitic phase transitions in magnetic Ni-Mn-In thin films» *Applied Physics Letters;* **102**, 072407 (2013).

[Sokolovskiy.V.V, 2014] Sokolovskiy.V.V, Buchelnikov.V.D, Khovaylo.V.V and Taskaev.S.V «Tuning magnetic exchange interactions to enhance magnetocaloric effect in Ni50Mn34In16 Heusler alloys: Monte Carlo and ab initio studies» *International Journal of Refrigeration*; **37**, 273 (2014).

[Sozinov.A, 2002] Sozinov.A, Likhachev.A.A, Lanska.N et Ullakko.K «Giant magnetic-field-induced strain in NiMnGa seven-layered martensitic phase» *Applied Physics Letters*; **80**, 1746 (2002).

[Srinivas.K, 2014] Srinivas.K, Manivel Raja.M, Sridhara Rao.D.V, kamat.S.V «Effect of sputtering pressure and power on composition, surface roughness, microstructure and magnetic properties of as-deposited Co2FeSi thin films» *Thin Solid Films*; 558, 349 (2014).

[Takamura.Y, 2009] Takamura.Y, Kakane.R et Sugahara.S «Analysis of L21-ordering in full-Heusler Co2FeSi alloy thin films formed by rapid thermal annealing» *Journal of applied Physics*; **07B109**, 105 (2009).

[Tello.P.G, 2002] Tello.P.G, Castano.F.J, O'Hondley.R.C, Allen.S.M, Esteve.M, Castano.F, Labarta.A et Batlle.X «Ni-Mn-Ga thin films procduced by pulsed laser deposition» *Journal of Applied Physics*; **91**, 8234 (2002).

[Thomas.M, 2008] Thomas.M, Heczko.O, Buschbeck.J, Robler.U.K, McCord.J, Scheerbaum.N, Schultz.L et Fahler.S «Magnetic induced reorientation of martensite variants in constrained epitaxial Ni-Mn-Ga films on MgO(001)» *New Journal of Physics*; **10**, 023040 (2008).

[Tillier.J, 2010] Tillier.J «Films Ni-Mn-Ga et mémoire de forme magnétique: élaboration et étude des proporiétes structurales et magnétiques» *Thèse, Université de Grenoble;* (2010).

[Tillier.J, 2010] Tillier.J, Bourgault.D, Barbara.B, Pairis.S, Porcar.L, Chometon.P, Dufeu.D, Caillault.N et Carbone.L «Fabication and characterization of a Ni-Mn-Ga uniaxially textured freestanding film deposited by DC magnetron sputtering» *Journal of Alloys and Compounds*; **489**, 509 (2010).

[Tillier.J, 2010] Tillier.J, Bourgault.D, Pairis.S, Ortega.L, Caillault.N et Carbone.L «Martensite structures and twinning in substrate-constrained epitaxial Ni-Mn-Ga deposited by a magnetron co-sputtering process» *Physics Procedia*; **10**, 168 (2010).

[Tillier.J, 2011] Tillier, Bourgault.D, Odier.P, Ortega.L, Pairis.S, Fruchart.O, Caillault.N et Carbone.L «Tuning macro-twinned domain sizes and the b-variants content of the adaptive 14-modulated martensite in epitaxial Ni-MnGa films by co-sputtering» *Acta Materialia*; **59**, 75 (2011).

[Ullakko.K, 1996] Ullakko.K, Huang.J.K, Kantner.C, O'Handley.R.C et Kokorin.V.V «Large magnetic-field-induced strains in Ni2MnGa single crystals» *Applied Physics Letters*; **69**, 1966(1996).

[Umetsu.R.Y, 2011] Umetsu.R.Y, Ito.K, Koyama.K, Kanomata.T, Ishida.K et Kainuma.R «Kinetic arrest behavior in martensitic transformation of NiCoMnSn metamagnetic shape memory alloy» *Journal of Alloys and Compounds*; **509**, 1389 (2011).

[Vives.E, 1994] Vives.E, Ortin.J, Manosa.L, Rafols.I, Perez-Magrane.R et Planes.A «Distributions of Avalanches in Martensitic Transformations» *Physical Review Letters*; **72**, 1694 (1994).

[Wada.H, 2001] Wada.H et Tanabe.Y «Giant magnetocaloric effect of $MnAs_{1-x}Sb_x$» *Applied Physics Letters*; **79**, 3302 (2001).

[Wang.B, 2002] Wang.B, Xiao.Z et Wu.X «Dependence of the energy release rate on the propagation speed of martensitic transformation in materials» *IUTAM Symposium on Mechanics of Martensitic phase Transformation in Solids*; **101**, 111 (2002).

[Wayman.C.M, 1994] Wayman.C.M «The phenomenological theory of martensite crystallography: Interrelationships» *Metallurgical Material Transactions A; 25A*, 1787 (1994).

[Wechsler.M.S, 1953] Wechsler.M.S, Lieberman.D.S et Read.T.A «On the theory of the formation of martensite» *Trans AIME*; **197**, 1503 (1953).

[Wu.Z, 2011] Wu.Z, Liu.Z, Yang.H, Liu.Y et Wu.G «Effect of Co addition on martensitic phase trnasformation and magnetic properties of Mn50Ni40-xIn10Cox polycrystalline alloys» *Intermetallics*; **19**, 1839 (2011).

[Wuttig.M, 2001] Wuttig.M, Li.J et Craciunescu.C «A new ferromagnetic shape memory alloy system» *Scripta Materialia*; *42*, 2393 (2001).

[Yang.L.H, 2014] Yang.L.H, Zhang.H, Hu.F.X, Sun.J.R, Pan.L.Q et Shen.B.G «Magnetocaloric effect and martensitic transition in Ni50Mn36-xCoxSn14» *Journal of Alloys and Compounds*; **588**, 46 (2014).

[Yasuda.T, 2007] Yasuda.T, Kanomata.T, Saito.T, Yosida.H, Nishihara.H, Kainuma.R, Oikawa.K, Ishida.K, Neumann.K.U, Ziebeck.K.R.A «Pressure effect on transformation temperatures of ferromagnetic shape memory alloy Ni50Mn36Sn14» *Journal of Magnetism and Magnetic Material*; **310**, 2770 (2007).

[Yu.S.Y, 2006] Yu.S.Y, Liu.Z.H, Liu.G.D, Chen.J.L, Cao.Z.X et Wu.G.H «Large magnetoresistance in single-crystalline Ni50Mn50-xInx alloys (x=14-16) upon martensitic transformation» *Applied Physics Letters*; **89**, 162503 (2006).

[Yüzüak.E, 2013] Yüzüak.E, Dincer.I, Elerman.Y, Auge.A, Teichert.N et Hütten.A «Inverse magnetocaloric effect of epitaxial Ni-Mn-Sn thin films» *Applied Physics Letters*; **103**, 222403 (2013).

[Zhang.Y, 2010] Zhang.Y, Hughes.R.A, Britten.J.F, Preston.J.S, Botton.G.A et Niewcza.M «Self-activated reversibility in the magnetically induced reorientation of martensitic variants in ferromagnetic Ni-Mn-Ga films» *Physical Review B*; **81**, 054406 (2010).

Annexe 1 : Liste des abréviations utilisées

Voici un récapitulatif des abréviations utilisées dans ce mémoire de thèse, classées par ordre alphabétique :

10M	Martensite modulée de séquence d'empilements $(3,\bar{2})_2$
14M	Martensite modulée de séquence d'empilements $(5,\bar{2})_2$
A_f	*Austenite finish*: température de fin de transformation en austénite
AF	Antiferromagnétique
AFM	*Atomic force microscopy*: Microscope à force atomique
A_S	*Austenite start*: température de début de transformation en austénite
cfc	Cubique faces centrées
DC	*Direct Current*: courant continu
(ΔG)	Différence d'énergie libre de Gibbs
DRX	Diffraction des rayons X
(ΔS)	Variation d'entropie
DSC	*Differential Scanning Calorimetry: calorimétrie différentielle à balayage*
(e/a)	Concentration moyenne en électrons de valence par atome
EDX	*Energy dispersive X-ray analysis*: analyse par énergie dispersive de rayons X
FCC	*Field Cooled Cooling*: refroidissement sous champ magnétique
FCW	*Field Cooled Warming*: réchauffement sous champ magnétique
FM	Ferromagnétique
(H)	Intensité du champ magnétique
KA	*Kinetic Arest*: blocage de la phase austénite sous champ
KWW	Kohlrausch, Williams et Watt
MCE	*Magnetocaloric effect*: effet magnétocalorique
MBE	*Molecular Beam Epitaxy*: épitaxie par jet moléculaire

MEB	Microscope électronique à balayage
M_f	*Martensite finish*: température de fin de transformation en martensite
MFIT	*Magnetic Field Induced Transformation*
MFM	*Magnetic force microscopy* : Microscopie à force magnétique
MR	Magnetorésistance
M_S	*Martensite start*: température de début de transformation en martensite
μ_0	Perméabilité du vide
NM	*Non modulated martensite* : Martensite non modulée
PID	Proportionnelle, Intégrale, Dérivée
PLD	*Pulsed Laser Deposition:* ablation laser pulsé
PM	Paramagnétique
PVA	*PolyVinyl Alcohol*: alcool polyvinylique
PVD	*Physical Vapor Deposition*: dépôt physique en phase vapeur
RCP	*Relative Cooling Power*: capacité de réfrigération
RF	*Radio Frequency:* radio-fréquence
RTP	Rapid Thermal Processing: processus de recuit rapide
(T)	Valeur de la température
TM	Température moyenne de transformation structurale
SQUID	*Superconducting Quantum Interference Device*
TC	Température de Curie
TEM	*Transmission Electron Microscopy* : Microscope électronique en transmission
VSM	*Vibrating Sample Magnetometer:* magnétomètre à échantillon vibrant
WLR	Wechsler, Libermann et Read
XRD	X-ray diffraction : diffraction des rayons X
ZFC	*Zero Field Cooled*: refroidissement sans champ magnétique
ZFCW	*Zero Field Cooled Warming*: réchauffement sans champ magnétique après refroidissement sans champ magnétique

Annexe 2 : Conversion d'unités

Longueur (mètre) : $1\ m = 10^2\ cm = 10^6\ \mu m = 10^{10}$ angströms (Å)

Energie (joule) : $1\ J = 10^7$ erg

Pression (pascal) : $1\ Pa = 10^{-5}$ bar $= 7,5.10^{-3}$ torr (Torr)

Induction magnétique B (tesla) : $1\ T = 10^4$ Gauss $= 1\ Wb.m^{-2}$

Champ magnétique H (ampère par mètre) : $1\ A.m^{-1} = 4\pi.10^{-3}$ Oe

Dans cette thèse le champ magnétique est exprimé en unité de $\mu_0 H$ donc en tesla (T). Un tesla correspond à 10^4 oersted.

Moment magnétique (ampère mètre carré) : $1\ A.m^2 = 10^3$ electro magnetic units (emu)

Moment magnétique spécifique : $1\ A.m^2.kg^{-1} = 1\ emu.g^{-1}$

Aimantation (ampère par mètre) : $1\ A.m^{-1} = 10^{-3}\ emu.cm^{-3}$

Dans ce travail le terme aimantation est utilisé pour décrire l'aimantation spécifique massique. Elle s'exprime en $emu.g^{-1}$ dans le système cgs ($1\ emu.g^{-1} = 1\ A.m^2.kg^{-1}$).

Les conversions de « $emu.cm^{-3}$ » en « $emu.g^{-1}$ » ont été calculées avec une densité de film Heusler de $7,998\ g.cm^{-3}$.

Annexe 3 : La microscopie électronique à balayage (MEB)

La microscopie (ou microscope) électronique à balayage (MEB appelé aussi SEM pour Scanning Electron Microscopy) permet d'obtenir des images monochromes de diverses éléments. L'instrument a été créé dans les années 1930 et développé dans les années 1960. La résolution de l'imagerie est de 10 nm environ. En effet le MEB balaie la surface d'un échantillon, sous vide secondaire, avec un faisceau d'électrons dits primaires qui interagissent avec l'échantillon en émettant divers types d'électrons (voir Figure A.1) :

_électrons secondaires : dus aux collisions du faisceau avec la couche électronique des atomes de l'échantillon. L'électron incident ionise l'atome en éjectant par choc un électron de la bande de conduction nommé électron secondaire. Ils sont donc d'énergie assez faible, environ 50 eV et seuls ceux émis près de la surface arrivent à sortir du matériau (10nm). Ils permettent donc principalement une vue topographique de l'échantillon. Ils sont également presque indépendants du numéro atomique de l'atome ionisé. Ces électrons secondaires sont observés en mode dit SE2.

_électrons rétrodiffusés : ils sont dus à une diffusion vers l'arrière de l'électron incident lorsqu'il passe près du noyau atomique alors qu'il n'a eu que peu de collisions avec l'atome (interaction de charge). C'est donc une interaction quasiment élastique qui fournit des électrons d'assez haute énergies, allant jusqu'à 30 keV. Ils peuvent donc provenir d'une plus grande profondeur dans l'échantillon, entrainant une diminution de la résolution. En revanche ces électrons sont beaucoup plus sensibles au numéro atomique de l'atome, permettant de mesurer l'homogénéité chimique d'un échantillon ainsi qu'une analyse qualitative de celui-ci. Généralement une zone plus claire indique une phase avec un numéro atomique plus élevé. De plus l'orientation du cristal peut également avoir un effet sur la diffusion. Ils sont observés en mode ESB. (Un autres mode, appelé InLens, permet de détecter à la fois les électrons secondaires et ceux rétrodiffusés, couplant les deux visions précédentes.)

_électrons Auger résultant d'une excitation d'un niveau atomique suivie d'une désexcitation non radiative mais électronique. Leur énergie est faible et ils sont rapidement absorbés.

Il existe également une émission photonique X lorsque les électrons primaires, de hautes énergies (15 à 20 kV) peuvent ioniser des atomes en éjectant un électron des couches inférieures. Ces rayons X permettent de caractériser la nature chimique des atomes par EDX (*Energy dispersive X-ray*). Cette mesure ne permet pas une quantification absolue précise de la stœchiométrie de l'échantillon, mais elle permet de connaitre la stœchiométrie relative de ceux-ci et donc de connaître l'évolution de la composition en fonction du processus d'élaboration. Les atomes légers (oxygène, carbone etc…) sont difficilement quantifiables par cette méthode, cependant, l'utilisation d'une faible puissance permet de montrer une tendance. La microscopie de Castaign, est spécialement dédiée pour ces analyses. Cette microscopie a également été utilisée pour confirmer certaines compositions.

Il peut également y avoir une émission de photons lumineux (mécanisme de fluorescence ou de cathodo-luminescence) dans certains matériaux ou avec des modules complémentaires que nous ne décrirons pas dans cette thèse.

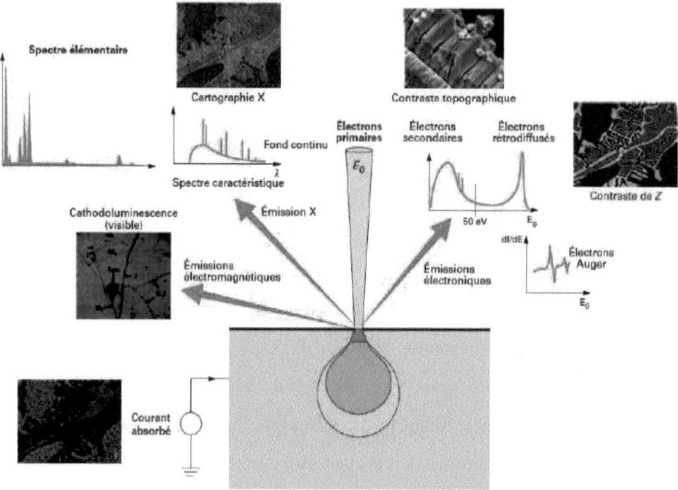

Figure A.1: Principales émissions électroniques et électromagnétiques provenant de l'interaction entre le faisceau d'électron et l'échantillon. Z correspond au numéro atomique (Ruste, 2006). Durant cette thèse, seules les émissions d'électrons secondaires et/ou rétrodiffusés ainsi que le rayonnement X ont été utilisées.

Les divers électrons émis proviennent de processus différents et ont donc des sections efficaces, des énergies, et surtout des angles solides différents. L'utilisation de barrière de potentiel et d'emplacement spécifique permet aux détecteurs de faire le tri entre les électrons émis.

L'utilisation d'un faisceau d'électron induit une ionisation des atomes. Par conséquent si l'échantillon analysé n'est pas suffisamment conducteur ou est isolé de son support, des effets de charge apparaitront, diminuant la résolution du MEB.

Le MEB est un instrument constitué en général des composants suivants, indiqués sur la Figure A.2 :

- Une colonne (longue d'environ 1 mètre sur le MEB utilisé) et maintenue sous un vide au moins secondaire et parfois ionique au niveau du canon
- Une source d'électrons
- Un dispositif haute-tension permettant d'accélérer les électrons
- Un ensemble de lentilles électromagnétiques, destinées à affiner le faisceau d'électrons
- Un condensateur final et un diaphragme permettant de focaliser le faisceau d'électron sur la surface sondée
- Un dispositif de déflexion couplé à un générateur de balayage du faisceau
- Un porte-échantillon mobile, avec un sas d'introduction
- Un système de visualisation à infrarouge permettant de déplacer l'échantillon
- Un détecteur d'électron secondaire avec son dispositif d'amplification du signal, rapide et à faible bruit, un détecteur d'électrons rétrodiffusés et un détecteur de rayons X pour analyser la chimie de l'échantillon
- Une source d'électrons : ici le microscope est un FEM (Field Electron Microscopy) et donc la source est une pointe de tungstène d'une centaine de nanomètres de rayon à son extrémité et sur laquelle est appliquée une différence de potentiel de 1 à 20 kV. Ce canon à émission de champ permet d'obtenir les meilleures résolutions

Les films ont été étudiés en les collant sur un plot métallique avec du scotch carbone pour obtenir une bonne conductivité électrique. Les morceaux de cibles ont été analysés après un léger polissage manuel en les collant également avec du scotch carbone. Certains films libérés ont été collés avec de la laque argent. L'étude des tranches des dépôts a été effectuée en maintenant ceux-ci dans un mini étau à ressort ou en les collant avec du scotch.

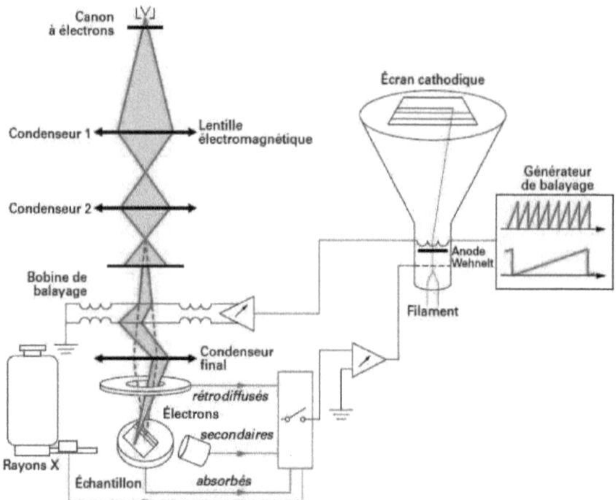

Figure A.2: Schéma de principe d'un microscope électronique à balayage (Ruste, 2006).

Résumé :

Les alliages Heusler de type Ni-Mn-X (X=In, Ga, Sn et Sb) possèdent d'intéressantes propriétés mécaniques, magnétiques et thermiques qui découlent de la transition structurale martensite-austénite. Le couplage de ces propriétés entraîne de potentielles applications dans le domaine des actionneurs, des capteurs ou des refroidisseurs. La fabrication de ces matériaux en films, d'un grand intérêt pour les microsystèmes, reste difficile à maitriser et fait l'objet de ce travail de thèse.

Une partie du travail effectué durant cette thèse porte donc sur l'élaboration d'un film de type Ni-Co-Mn-In en utilisant un procédé de co-pulvérisation. L'objectif de la thèse a porté sur l'obtention d'un film présentant une transition structurale et magnétique à température ambiante. Après une étude de la structure et de la microstructure des phases martensite et austénite, les propriétés magnétiques ont été investiguées. Le changement d'état magnétique obtenu pour certains films lors de la transition du premier ordre a entrainé des propriétés magnétocaloriques et d'actionnement intéressantes. Les meilleurs résultats sont obtenus pour un film de composition $Ni_{45,2}Co_{4,7}Mn_{36,2}In_{13,9}$. La réalisation de mesures de résistivité sous champ magnétique intense constitue un sujet novateur sur des films de ce type. Grâce à ces mesures, une étude de l'irréversibilité et du blocage de la transformation structurale induit par le champ magnétique (*kinetic arrest*) a été réalisée. La compréhension des phénomènes intervenant dans l'hystérésis thermique et le blocage sous champ magnétique est en effet importante pour les applications basées sur ces matériaux à fort couplage mécanique, magnétique et thermique.

Abstract :

Ni-Mn-X (X=In, Ga, Sn and Sb) Heusler type alloys present interesting mechanical, magnetical and thermal properties owing to the martensite-austenite structural transition. Combining these properties induce many potentials applications in the field of actuators, sensors and coolers. Processing these materials into films is of great interest for micro-devices but remains a challenge. It shall be the purpose of this thesis.

Part of this thesis shall be dedicated to the development of a Ni-Co-Mn-In Heusler film using a co-sputtering process. The main achievement of the thesis is to have obtained a film exhibiting a structural and magnetic transformation at room temperature. After a study of the structure and microstructure of martensite and austenite phases, magnetic properties are investigated. The evolution of the magnetic state during the first order transformation observed in some films leads to interesting magnetocaloric and activating properties. Optimal results, both in terms of working temperature and functional properties, are obtained for a film with a composition of $Ni_{45,2}Co_{4,7}Mn_{36,2}In_{13,9}$. Resistivity measurements under high magnetic field are novel on such films. These new measurements have made it possible to study the irreversibility and phase transformation blocking induced by a magnetic field (kinetic arrest). Understanding the physical effect underlying the thermal irreversibility and the blocking by a magnetic field is indeed important for applications based on such materials with strongly coupled mechanical, magnetical and thermal properties.

yes
I want morebooks!

Buy your books fast and straightforward online - at one of the world's fastest growing online book stores! Environmentally sound due to Print-on-Demand technologies.

Buy your books online at
www.get-morebooks.com

Achetez vos livres en ligne, vite et bien, sur l'une des librairies en ligne les plus performantes au monde!
En protégeant nos ressources et notre environnement grâce à l'impression à la demande.

La librairie en ligne pour acheter plus vite
www.morebooks.fr

SIA OmniScriptum Publishing
Brivibas gatve 1 97
LV-103 9 Riga, Latvia
Telefax: +371 68620455

info@omniscriptum.com
www.omniscriptum.com

Printed by Books on Demand GmbH, Norderstedt / Germany